改訂版

Makeblock 公式

mBot<ruby>エム<rt></rt></ruby>で楽しむ
レッツ! ロボット
プログラミング

エム
ボット

久木田 寛直 著

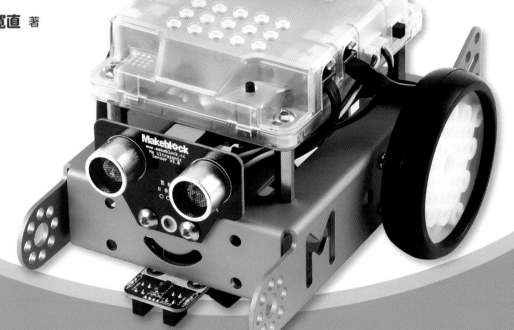

FOM出版

●本書を購入される前に必ずご一読ください。

　本書は、2020年2月現在のmBlockに基づいて解説しています。本書発行後のアップデートによって機能が更新された場合には、本書の記載のとおりに操作できなくなる可能性があります。あらかじめご了承のうえ、ご購入・ご利用ください。

　本書に関する最新のQ&A情報や訂正情報などについては、FOM出版のホームページでご確認ください。
https://www.fom.fujitsu.com/goods/faq/

●学習環境について

　本書を学習するには、次の環境が必要です。

・ロボット：
　　　・mBot v1.1 (Bluetooth Version)
・ロボットの動作に必要な環境：
　　　・パソコン (Bluetooth デバイスまたは Bluetooth Dongle が必要)
　　　・OS　　　　　　　：Windows 10 または Windows 8.1
　　　・アプリケーション：mBlock Version5.2.0 Windows 版

●参考文献について

　本書では、執筆に際して下記の文献を参考にしています。

・アンドルー・ロビンソン（片山陽子訳）（2006）『図説 文字の起源と歴史 ヒエログリフ・アルファベット・漢字』創元社
・A.C ムーアハウス（ねずまさし訳）（1956）『文字の歴史』岩波書店
・南雲治嘉（2009）『視覚デザイン』ワークスコーポレーション
・安野光雅、大岡信、谷川俊太郎、松居直編（1979）『にほんご』福音館書店
・中川憲造（2006）『最新 コンピューターデザイン』実教出版

▶本書の記述は、2020年2月時点の情報です。
▶ Microsoft、Windows 10、Internet Explorer、Microsoft Edge は米国 Microsoft Corporation の米国およびその他の国における登録商標または商標です。
▶ Apple、Mac、macOS、Safari、Apple Inc. は、米国およびその他の国で登録された Apple Inc. の商標です。
▶ mBlock、mBot は、Makeblock 社の登録商標または商標です。
▶その他、記載されている会社名および製品などの名称は、各社の登録商標または商標です。
▶本文中では、TM や® は省略しています。

はじめに

　私たちの生活は、IT 技術の発展によって大きく変化し続けています。現代の子どもたちは、気がついたときから生活の中に IT 技術があり、当たり前のものとして使いこなします。それはすごく便利な世の中である反面、容易に生まれた情報過多な環境から、何が大切な情報なのかを判断しにくい世の中でもあります。私たち大人においても、大量消費社会の中で使い捨てが当たり前となり、ものを大切に扱う気持ちが薄れてしまっていると思います。

　ロボットプログラミングを学ぶことで、IT 技術やエンジニアリングのしくみを知り、「ものづくりの本質」に気づくことができ、何が自分にとって大切な情報か、身の回りにあるものがどのように作られたかを見つけていくことができるようになると思います。そして、IT 技術がもたらす本来の豊かさを知ることにつながることでしょう。感動して震えることに満ち溢れた創造性に、出会えることを楽しみにしています。ぜひ親子で一緒に、友達と一緒に、楽しいこれからのものづくりに触れてみてください。

2020 年 3 月

久木田 寛直

もくじ

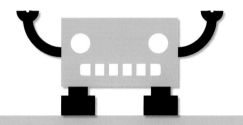

巻頭

Makeblock と mBot

Makeblock は 2013 年に設立された、中国深セン市に本社を置く STEAM 教育のソリューションプロバイダーです。教育機関および家庭を対象として、ハードウェア、ソフトウェア、コンテンツから構成される統合的な学習用の製品の提供と、青少年向けの国際ロボットコンテストの運営サポートを行っています。

現在、Makeblock の製品は世界 140 以上の国と地域で販売されており、世界 25,000 以上の学校に導入され、教室や家庭の STEAM 教育の場で広く使われています。2019 年にはソフトウェアユーザー数が 1,000 万人を突破し、現在も成長を続けています。

STEAM 教育の「STEAM」とは、「Science（科学）、Technology（技術）、Engineering（工学）、Art（芸術）、Mathematics（数学）」の頭文字から取られています。STEAM 教育に用いられるロボットにはさまざまなものがありますが、たとえばレゴマインドストームシリーズといったほかの教育ロボットキットを買ってはじめるとなると、300 ドル以上もかかってしまいます。しかし、Makeblock のロボットキットは約100ドルからはじめられます。そのもっとも人気のある製品の 1 つが、mBot キットです。mBot キットは、2015 年4 月の Kickstarter クラウドファンディングキャンペーンで、285,000 ドル以上を調達した実績があります。そしてこの mBot キットは、あらかじめロードされたコマンドをドラッグ＆ドロップすることで、ロボットの動きをかんたんに制御できるプログラムである「mBlock」と連携しているのです。

児童・生徒たちは、シンプルなプログラムを書くことで、ロボットをかんたんに動かすことができます。これは、シンプルなプラグラムを書くことが、プログラマーの思考プロセスを学ぶ助けになると考えているからなのです。

Makeblock の創業者であるワン・ジェンジュン（王建軍）は、こういっています。「人々が自分のアイデアを実現できるようにするため、Makeblock をスタートしました。世のなかには、私のようにさまざまな種類のロボットを作りたいと思っている人がたくさんいますが、彼らには技術的な素養がありません。Makeblock は、ロボット工学への参入の障壁を下げるのに役立つでしょう。」

Makeblock は、2013 年に深センで自社のためのロボット部品を作成したのがはじまりです。しかしそれ以来、科学技術や工学、数学といった STEAM 教育ロボットの分野へと焦点を移してきました。なぜなら、教育ロボットは比較的大きな市場であり、また若い世代の創造性とイノベーションを促進することが必要不可欠であるという信念を持っているためです。

「STEAM 教育は、児童・生徒の想像力と創造性を刺激するのに役立つので、非常に重要です。」と、ワンはいいます。ロボットキットを通じてプログラムを書く方法を勉強するのは、すべての児童・生徒がプログラマーになるため、ということではありません。「プログラムを書く」という考えかたを学び、児童・生徒が論理的な思考過程を経験することで、よりよいイノベーションを起こすことができるようになるのです。

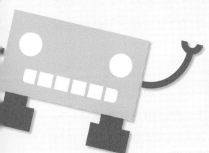

読者のみなさまへ

mBot の魅力

私がmBotを知ったのは、2015年4月のKickstarterのキャンペーンでした。
プログラムを「もの」に与えることに興味があった私は、今までにいくつかのマイコンに触れてきましたが、Webプログラムを使う私でも難しく感じるものばかりでした。
ところがmBotにおいては、届いたその日のうちにかんたんに操作ができ、動かすことができたことで、とても感動しました。これなら自分の苦手な部分にはばかることなく、自分の時間をかけたいところに集中してものを作っていくことができると感じました。

教育現場においては、子どもたちがそれぞれどこに興味を持つかを見つけるきっかけになると思います。コンピューターへの命令（プログラム）に興味を持つ子、ロボットの構造（エンジニアリング）に興味を持つ子、ロボットの表層（デザイン）に興味を持つ子、ロボットを使った遊び（プランニング）に興味を持つ子ども。さまざまな子どもたちがいます。
さまざまな視点を持った子どもたちが、1つのものを通して話しあい、意見を出し、作り上げていくことに可能性を感じずにはいられません。論理力や表現力などは、言葉で語れるものではありませんが、いろいろな視点からの考えにふれていくことで、新しい発見へと導く「多くの力」が身についていくと思います。

このmBotを作って操作をすることで、終わりではありません。
まずはこのロボットで興味を持ち、しくみや機能を理解できたあと、自分のオリジナルのロボットに変身させていく楽しさを見つけてくれることを願っています。

子どもたちへ

みんなは、ロボットってきいたら何をいちばんに思いつくかな？
「スターウォーズ」「スーパー戦隊シリーズのロボ」「ドラえもん」「アラレちゃん」、
テレビや映画、アニメや漫画では、たくさんのロボットが活躍してるよね。
これからは、「ペッパー」「ロビ」「ルンバ」「アシモ」のように、実際の生活にロボットが活躍していく時代になるんじゃないかな。

ロボットは何のために作られていると思う？
「人間の相手をするため？」「人間が楽するため？」「悪いやつをやっつけるため？」
ロボットがご飯を作ってくれて、ロボットが洋服を作ってくれて、ロボットがお家を建ててくれたら、私たちの生活にある「衣・食・住」はみんなロボットにおまかせだ。

そんな生活はどんなだろうか？　想像してみてごらん。

自分たちが「楽をすることが目的で作られたもの」よりも、自分たちの「可能性を広げてくれることを目的としたもの」がたくさん生まれてきたら、きっと世のなかはすてきになると思わない？
身の回りにあるものが、どのような思いで、誰が作ったものなのかを想像してみると、そのものへの愛着も変わってくるよね。
この本からmBotのことを学んだら、みんなもたくさんの人に愛されるような新しいロボットを考えてみてほしいな！

少しずつチャレンジしてみてね！

教育者の方へ

この本では、単にプログラムだけではなく、mBot の持つセンサーやパーツなどのしくみにも少しふれています。

プログラムを知識として学ぶことよりも、自分たちの生活のなかにどのような目に見えないデータやしくみが隠れていて、「人間が感じるもの」「ロボットが感知するデータ」の違いを感じて、興味を持ってもらうことを目的として書きました。
「国語」「算数」「理科」「社会」「図工」「音楽」の垣根を越えた学び、自分と社会との関係の1つとして自然とそこにある学びになることを望んでいます。

興味を持った子供たちは、あとは自分でどんどん進めていくでしょう。
そこから、「発見」「失敗」「疑問」「喜び」を自ら経験していきます。
できたこと、できないことをちゃんと聞いてあげることが重要で、教え過ぎないことが重要だと考えています。
どの子が何に興味をもち、そのことをどのように言葉で伝えるかを見守ってほしいです。
プログラムで、どのようにしようと考えているかを、相手に話すことで自然と考えかたの間違いに気づくことがあります。「告白デバッグ」と呼ばれるこの方法は、プログラマーの間でも行われています。

ロボットなので、「バッテリーがない」「タイヤにホコリがたまっている」「センサーがきかない」などの問題も出てくることがあると思います。そのようなときに子どもといっしょに問題を発見し、解決することも大切な学びだと思います。そのための準備はとても大切です。あとは、先生自身の得意な分野に置き換えて、活用してほしいと願っています。

久木田 寛直

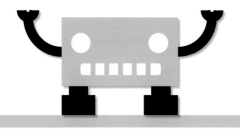

mBot を
作ってみよう

01 mBot を作ってみよう

ここでは、mBot を組み立てていくよ。注意したい点と効率よく組み立てが行える方法を見ていこう。少し難しい部分もあるけど、自分でチャレンジしてみよう。

mBot を組み立てる前に

ロボットにプログラミングをしていく前に、まずはロボットを組み立てないとね！
どのパーツがどのような役割で、どこについているのか。組み立てながら確認すると、プログラミングするときにも理解しやすいよ！　そして、自分で組み上げたもののほうが愛着がわくね。
ものを大切に扱うことも、ものづくりにおいて重要なポイントだ！

mBot を組み立てよう

まずは、箱の中身を確認しよう！　箱を開けると、上段に、青色の車体（骨組み）×1、モーター×2（白い箱の中）、mCore（基板）×1が入っているよ！

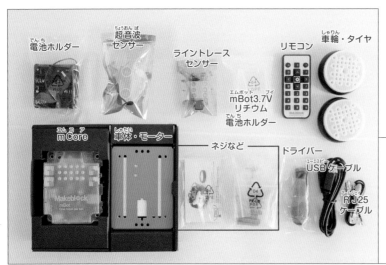

1 箱の中身を確認

14

下段には、ネジや車輪、リモコンなどたくさんのパーツがあるから、説明書の「パーツリスト」ページP.2と比較して、足りないものがないか確認してね！　基本的な組み立てに使うドライバーは入っているよ！　備えつけのドライバーは、両端が「六角」と「プラス」のリバーシブル(差し替え式)になっているよ。

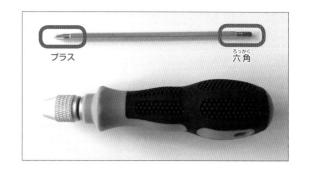

プラス　　六角

ほかには、車輪のネジをつけるときに、ナットでがっちり固定したいので、**ラジオペンチやスパナの準備をおすすめするよ！**

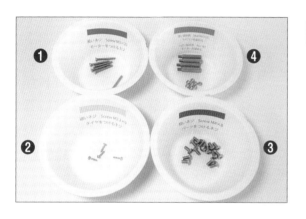

2 ネジを皿に分ける

種類	役割	説明書の表記	ドライバー
❶細長いネジ	モーターをつけるネジ	ネジ M3 × 25	プラス
❷細くて小さいネジ	車輪をつけるネジ	M2.2 × 9 タッピングネジ	プラス
❸太くて短いネジ	センサーや mCore などのパーツをつけるネジ	ネジ M4 × 8	六角
❹金の長いナット	ブラススタッド／mCore を固定する	ブラススタッド M4 × 25	
❹六角形の小さいナット	モーターを取りつけるネジを留める	M3 ナット	

mBotは細かいネジをたくさん使うよ。使うたびに毎回探しながら作っていたら、日が暮れちゃう。ちゃんと種類ごとに分けると効率がいいよ！　上の写真のように4つくらいに分けるといいかな。ナットは2種類いっしょでも、分けてお皿を5枚用意してもいいよ。

車体（骨組み）のなかに、白い箱があるのを見つけられたかな？　そのなかに黄色いモーターが入っているよ！　車体にモーターを取りつけよう。ドライバーはプラスのほうを使うよ。

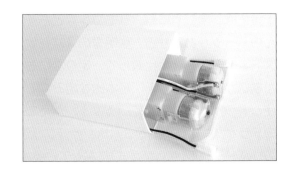

3 モーターを取りつける

モーターの出っぱりを車体の穴に合わせて、細長いネジと六角形の小さいナットで取りつけよう。コードが内側になるように注意してね。細長いネジと六角形の小さいナットを差し込む穴は２つあるよ

スパナ

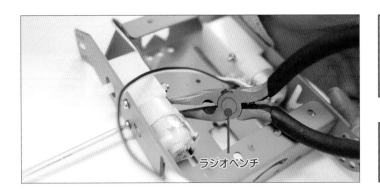

ラジオペンチ

「M2」サイズのスパナかラジオペンチがあると便利だけど、指でおさえてもできるよ

反対側のモーターも同じように取りつけよう

購入特典

本書をお買い上げの皆様に、mBot の組み立てかたを動画で視聴できる特典をご用意しております。詳細は P.191 をご確認ください。

次は車輪だ！　車輪にタイヤをつけるよ。

タイヤがめくれあがっていたりすると、まっすぐ走らないので、きれいにはめてね！

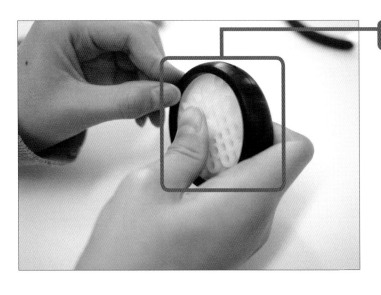

4 車輪にタイヤをつける

車輪にタイヤをはめたら、モーターに車輪を細くて小さいネジで固定するよ！

このネジも垂直にうまく回して、まっすぐ固定してね。

5 モーターに車輪を細くて小さいネジで固定

第1章
第2章
第3章
第4章
第5章
第6章
第7章
第8章
第9章
第10章
第11章
第12章
付録

太くて短いネジを使って、ローラーボールとライントレースセンサーを車体に取りつけよう！
六角に差し替えたドライバーでローラーボールとライントレースセンサーをいっしょにネジで固
定するよ。車体の前後をよく確認しながら、ボールの方向もよく見てつけよう。

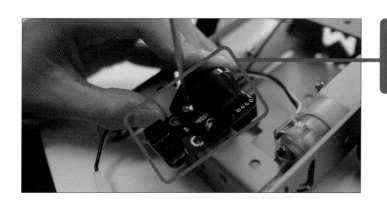

6 ローラーボールとライン
トレースセンサーを取り
つける

注意

ローラーボールとライントレースセン
サーを取りつける際は、ボールの前後
ろが逆にならないように注意！

ローラーボール

太くて短いネジを使って、超音波センサーを取りつけよう！ ライントレースセンサーの上の
位置に、超音波センサーを取りつけるよ。ぐらつかないように、しっかりネジで固定してね。

7 超音波センサーを取り
つける

車体の上に、4本の金の長いナットをつけてね。これは手で回せるよ。

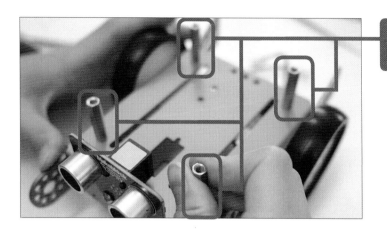

8 金の長いナットを取りつける

超音波センサーとライントレースセンサーに RJ25 ケーブルを差し込むよ。

9 超音波センサーに RJ25 ケーブルを取りつける

10 ライントレースセンサーに別の RJ25 ケーブルを取りつける

注意

RJ25 ケーブルを差し込むときに、上下の向きを間違わないようにしてね。ちゃんと差し込めば「カチッ」っと音がするよ。

ＲＪ25 ケーブルを取りつけたら、車体の真ん
なかの長方形の穴を通して、上に全部のケー
ブルを引き出しておこう！

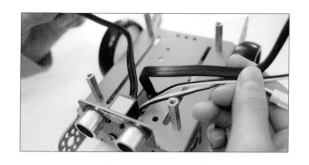

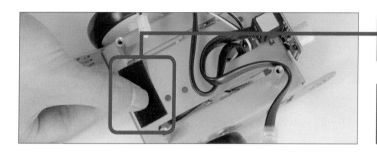

11 台紙をはがしたマジック
テープを車体に貼る

２枚あるうちのどちらでも
いいよ

mCore のケースを一度外して、Bluetooth モジュールを取りつけよう。

12 mCore のケースを外す

注意

Bluetooth モジュールが mCore に取り
付けられていない場合は、ピンの位置に
注意して取り付けよう。

説明書どおりだと、電池ホルダー（バッテリー）を先に装着しているけど、電池の出し入れがあとで必要になるから、先に mCore を取りつけることをおすすめするよ！

13 ケースをつけてから、太くて短いネジを使って、mCore を金の長いナットに取りつける

mCore にケーブルを差し込もう！　モーターのケーブルを反対に差すと、逆方向に進んじゃうから要チェックだ！

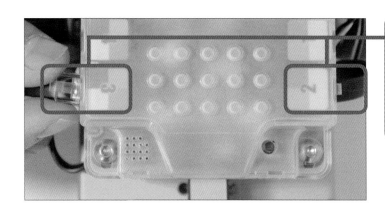

14 超音波センサーのケーブルを「ポート3」、ライントレースセンサーのケーブルを「ポート2」に差し込む

15 モーターから伸びているケーブルのうち、左のモーター（モーター L）を「M1」、右のモーター（モーター R）を「M2」に差し込む

電池を入れて、完成させよう！　プラスとマイナスを間違えないように電池ホルダーに単三電池を4本入れてから、mCoreと車体の間に、電池ホルダーを入れよう。電池ホルダーはちょうど入るサイズだから、ピッタリ入るよ！　電池ホルダーのケーブルを挟み込んでしまわないように気をつけてね！

16 台紙をはがしたマジックテープを電池ホルダーに貼る

17 電池を入れてから、電池ホルダーを、mCoreと車体の間に入れる

18 パワースイッチがオフになっていることを確認してから、電池ホルダーのプラグを「6V」のソケットに差し込む

19 パワースイッチをオンにして、「レ・ミ・ファ♪」と音がしたら完成

動作確認をする

組み立てた mBot が動作するかどうかを確認しよう！　机の上だと落ちるかもしれないので、平らな床の上で確認してね！　mBot には 3 つのモードがあるよ！　mCore についているボタンを押すことでモードが切り替わるよ！

1 mCore についているボタンを 1 回押す

LED ライト※が「白」のときは、プリセットモードだよ。リモコンの十字キーで操作、数字キーで速さが変更できるよ！

※わかりやすくするためケースを外しています。

LED ライトが「緑」のときは、障害物回避モードだよ。超音波センサーの前に手をかざして、mBot が避けて走れば OK だ！

LED ライトが「青」のときは、ライントレースモードだよ。キットのなかにある黒い線のコースの上において、線をたどって走れば、組み立ては成功だ！

ライントレースモードについては、第 9 章で詳しく解説するね！

開発者の声

mBot の開発にはさまざまな人びとがかかわっています。mBot を研究する理由や Arduino をベースにしている理由など、開発者の方に特別にお答えいただきました。

◆なぜ mBot の研究を行うのですか？

ロボットには、子供たちを熱中させる魅力があり、さらに全ての STEAM※分野（科学・技術・工学・芸術・数学）の要素が含まれています。ロボットを通して力学・電子工学・制御システム・コンピューターサイエンスに関する実践的な体験をすることができるのです。
しかし、現在市場に出ているロボットのほとんどは高価であったり、組み立てや配線が難しかったり、プログラムが複雑であったりと、子供たちが手軽に使うには困難な状況です。
私たちは、mBot の研究を行うことで、手ごろな価格で、使いやすく、拡張性の高いロボットを子供たち一人ひとりに届けることを目標としています。

◆ mBot が Arduino にもとづいている理由は何ですか？

Arduino とは初心者向けに適したマイコンボードで、非常に拡張性が高く、mBot のプラットフォームとして適しています。Arduino のプラットフォームをベースに mBot を設計することで、子供たちが使いやすく、またさまざまなアイデアを活かせる拡張性の高いロボットを作ることができるのです。

◆ mBlock が Scratch にもとづいている理由は何ですか？

Scratch は、子供たちが最初に触れるプログラミング言語として非常に人気があり、すでにビジュアルプログラミングツールとして、もっとも使いやすいツールであることが証明されています。そこで私たちは、mBot 用に Scratch にもとづいた新たなコード「mBlock」を開発しました。

※Science（科学）Technology（技術）Engineering（工学）Art（芸術）Mathematics（数学）の略です。

24

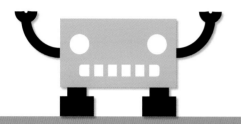

第 2 章

ロボットプログラミング
とは

02 プログラムとは

mBot を動かすには「プログラム」を組み立てなくてはいけない。でもプログラムって何だろう？　私たちの使う「言葉」とどう違うのか考えてみよう。

プログラムとは

みんなは「プログラム」って聞いたことあるかな？
普段の生活のなかでも、「プログラム」という言葉は使われているよ。

たとえば、「運動会のプログラム」や、「テレビ番組のプログラム」など、聞いたことあるよね？
生活のなかで使われる「プログラム」は、決められた順番どおりに進行するもののことをいうんだ。
では、これからみんなが学ぶプログラムは何かというと、

「コンピューターに指示を出す」「コンピューターと情報をやりとりする」

こんにちは！

※コミュニケーション＝意思疎通

"コンピューターとのコミュニケーション" だよ！
コンピューターとコミュニケーションをとること（プログラムを作ること）をプログラミング。
コンピューターとコミュニケーションがとれる人（プログラムを作る人）をプログラマーというよ。みんなが手紙を書くときに、紙と鉛筆を使うように、コンピューターに何かを伝えるときは、プログラミングされたソフトウェアを使うんだ。

コミュニケーション

コミュニケーションって知ってるかな？
四文字熟語では「意思疎通」なんていったりもする。少し難しそうだね。
みんなは自分の気持ちや、考えを誰かに伝えたいとき「言葉」を使うよね？

相手の気持ちや、考えを知るためにも「言葉」を
使う。お互いの気持ちや考えを伝えあうことを
「意思疎通」というよ。
人間は、言葉以外にも顔の表情やしぐさでコミュ
ニケーションをとることもあるよ！
うれしいときに、抱き合って喜びをわかちあうこ
ともコミュニケーションだよ。

みんなが好きな音楽もコミュニケーションだよ！
もともと音楽は、誰かに音や声を出して合図を出すことか
らはじまったという説があるよ。
愛を伝えるために歌ったり、仕事で力がいっぱい出るよう
に、みんなで合唱したりするんだよ。すてきなハーモニー
を友達と作るのも楽しいよね！

絵を描くこともコミュニケーションだよ！
人間が描いた古い絵の1つに、フランスにあるショーヴェ
洞窟で見つかった洞窟画があるよ。3万2千年前に描かれ
たこの絵は、動物の絵が描かれているよ。
人間が生きていくために必要な食料となる動物を捕まえ
る。狩りがうまくいきますようにって、祈りを込めて描か
れたものだという説がある。神様とのコミュニケーション。
ひょっとしたら自分自身へのコミュニケーションかもしれない。だから、絵はただの飾りではな
くてコミュニケーションの1つだといえるよ。

いろいろなコミュニケーションが世のなかにはあるんだよ！

※P.2参考文献を参照してください。

では、言葉のコミュニケーションについてもう少し考えてみよう！

日本人に何かを伝えたいときは、「日本語」を使うよね！
世界中を見るととても多くの言葉が話されているよ！

だけどこの言葉を使ってコミュニケーションをとっているのは、人間だけだね。
ほかの動物は、鳴いたり、吠えたり、さえずったりするけど、言葉は使わないね。

お家でネコやイヌを飼っている人はいるかな？
彼らは、鳴いたり吠えたりして、私たちに「おなかがすいたよ！」って伝えてくることがあるよね？
言葉でいうわけではないけど、私たちは相手の気持ちを想像できる！

私たちは想像力を使って、相手の気持ちをくみとることができる。
人間は、いろいろな状況や音や絵や景色などから、いろいろな言葉を見つけていくことができる！
答えはたくさんあるし、違っていることもあるかもしれないけれど、想像してあげることはとても大切だよ！

文字

では次！ 文字について考えてみよう！
日本語には、「ひらがな」「カタカナ」「漢字」の3種類の文字があるよね！

みんなはどのように使い分けているかな？

ひらがなとカタカナは、ABCと同じで、音を
表す文字だよ。だから表音文字っていうんだ！
漢字は、1文字1文字意味を持っているよね？
漢字は意味を表す文字だから、表意文字とい
うよ！

●表音文字　　　　●表意文字

Ａあア　　愛

日本人は、表音文字と表意文字を組みあわせて使っているよ。
私たちはこれらの文字を、手で書いたり、コンピューターに打ち込んだりして、表現することが
できるよね！

手で書いた文字は、みんなそれぞれ違いがあって、見ているとおもしろいよね！ 特定の人に自
分の「気持ち」を伝えたいときは、手で書いた手紙のほうが気持ちが伝わるよ！
だけど、たくさんの人に自分の「考え」を伝えたいときは、コンピューターで打ち込んだ文字の
ほうがきれいでわかりやすいよ。そのときに応じて、使い分けができるといいね！

 ## 言葉と文字

私たちは、言葉や文字に隠れている気持ちを読み取ることができる。
言葉で何かを伝えたいときは、自分の頭や心のなかにある言葉と、相手の頭や心のなかにある言
葉が同じでないとだめだよね！

英語が話せると、世界中のたくさんの人と話ができるよ！
たくさんの言葉を知っていても、口先だけでいってはよくないんだ！
自分の気持ちが自然と言葉になると、その言葉は生き生きしてくる！
そして、自分の考えを伝えたいときは、伝えたいことをきちんと整理して話すことが大切だよ！

では、プログラムの話に戻って、コンピューターに伝える言葉や文字を見てみよう。

プログラムにもいろいろな種類があるんだよ！
その目的や、環境によって文法や機能が変わってくるよ。
多くのプログラムは「英語」と「数字」を使って書くんだ！
全部を勉強するのは大変だけど、基本的な考えかたに違いはないから、まずはコンピューターの言葉の特徴をつかめたらいいね！

コンピューターとのコミュニケーションだから、コンピューターがわかる言葉で伝える必要があるね。このコンピューターがわかる言葉が「プログラミング言語」だよ。
たとえば、「JavaScript」というプログラミング言語で、画面に「Hello!」と表示させたいときは、

```
document.write("Hello!");
```

と書くよ！

文書(document)に「Hello!」を書く(write)

という感じ。このように、やりたいことをプログラミング言語で書くことがプログラミングだ！

自分の考えを整理して伝えることができれば、プログラムにするとき、特徴をつかみやすいよ。
敬語や丁寧語などはないから、プログラムはシンプルだ！
そして気持ちを込めて書く言葉ではなく、考えを伝える言葉としてとらえるといいよ。

だけど、これからプログラムを書いたとき、そのプログラムで動くコンピューターを使うのは、自分を含めた人間だよね。みんなが作ったロボットを使うのも人間だ！
だから、プログラミング言語は気持ちを込めて書く言葉ではないけれど、プログラミングするときは、その先にいる人の気持ちを考えてあげることが、よいプログラマーになるコツだよ！

mBot の言葉は「mBlock」

ここまでの言葉の話はどうだったかな？
プログラムは「英語」と「数字」って聞いて、ちょっと難しそうって思ったかな？

でも大丈夫！　心配ご無用！

まずはもっとプログラムの特徴をつかみやすくするために、**ブロックを使ってプログラムを書く**
ソフトウェア「mBlock」を使うよ。「mBlock」は、アメリカにあるマサチューセッツ工科大学
（MIT）で開発された「Scratch」というプログラミング言語をもとにして、「mBot」に命令が
できるように設計されたソフトウェアだよ。
こんな感じでブロックを上から下に向かって、くっつけていくんだ！　かんたんでしょう？

最初にした運動会のプログラムの話にあったように、**プログラムは決められた順番どおりに進行**
する。このブロックを順番に並べていくことがとても大切だよ！
プログラムにたくさん興味が出てきたら、Scratch（https://scratch.mit.edu/）もぜひ試して
みてね！　ただし、Scratch は Internet Explorer では使えないことに注意してね。

03 mBot を動かす ロボットプログラミング

プログラムはコンピューターの言葉（ことば）っていうことがわかった。でも、コンピューターの言葉（ことば）はどういうしくみなのだろう？　プログラムのしくみを見（み）ていこう！

プログラムのしくみ

実際（じっさい）に mBlock（エムブロック） でプログラムを組（く）む前（まえ）に、プログラムのしくみについてもちゃんと考（かんが）えてみよう！　mBlock（エムブロック） のプログラミングの考（かんが）えかたは、イベント駆動型（くどうがた）プログラミング（イベントドリブン）というよ。イベント駆動型（くどうがた）って何（なん）だろう？　実（じつ）は私（わたし）たちは普段（ふだん）、イベント駆動型（くどうがた）プログラミングによく似（に）た動（うご）きをしているよ！

「掃除の時間」を思い出そう

みんなの学校（がっこう）の「掃除（そうじ）の時間（じかん）」を思（おも）い出（だ）してみて！　みんなは「掃除（そうじ）の時間（じかん）」になったことがなぜわかるのかな？

「先生（せんせい）が教（おし）えてくれる？」「給食（きゅうしょく）が終（お）わったら？」「午後（ごご）1 時（じ）になったら？」

いろいろなきっかけがあると思（おも）うけど、学校（がっこう）ではだいたい「チャイム」が鳴（な）るよね？
「掃除（そうじ）の時間（じかん）になって、チャイムが鳴（な）ったら」、みんなは掃除（そうじ）をはじめている。

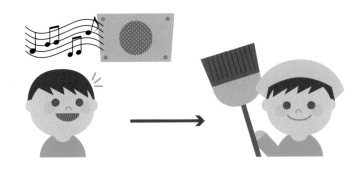

「きっかけ」と「動作」の関係を見てみよう

必ず私たちの生活の動作には、きっかけがあるよ！
このきっかけで動作がはじまるしくみを見つけることが、イベント駆動型プログラミングでは必要だよ！

では、掃除の時間になりました、「みなさん掃除してください！」
みんなは次に何をするかな？

「ぞうきんでふく」「ほうきではく」「バケツに水を入れる」

そうだね！　だけどこれってなんでみんな知ってるのかな？　掃除の内容を知らないと、掃除はできないね！
きっとみんなは、掃除の仕方を、先生やお父さんお母さんに教えてもらっているからできるんだよね！　このようなことをなんていうか知っているかな？
学習だ！　コンピューターもみんなの書いたプログラムを学習していくよ。

みんなは「掃除の仕方」を学習しているので、掃除の時間になったらそれぞれの役割の動作ができるんだ！

このように「掃除をしてください」という合図で、複数の動作をまとめて行えるように定義するんだ。mBlock では、新しいブロックを作って定義することができるよ。一度学習したものは、次から細かく指示をしなくてもよくなるよ。「掃除をする」というみんなで行う大きな動作と、「ほうき当番」「ぞうきん当番」のように各担当に分けられた細かな動作で見ていくのがコツだよ！ これがイベント駆動型プログラミングのしくみだ。

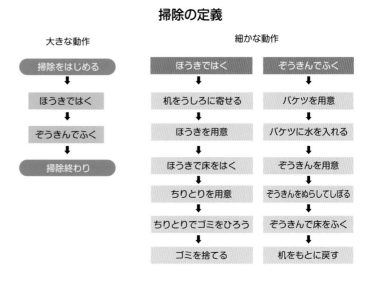

掃除の定義

大きな動作	細かな動作	
	ほうきではく	ぞうきんでふく
掃除をはじめる	机をうしろに寄せる	バケツを用意
ほうきではく	ほうきを用意	バケツに水を入れる
ぞうきんでふく	ほうきで床をはく	ぞうきんを用意
掃除終わり	ちりとりを用意	ぞうきんをぬらしてしぼる
	ちりとりでゴミをひろう	ぞうきんで床をふく
	ゴミを捨てる	机をもとに戻す

「朝の準備」で、順次行っていることは？

朝、起きてから学校へ出かけるまでの準備「朝の準備」に隠れているきっかけと動作を書いてみよう！ みんなは朝、どのようなきっかけで目覚めてるかな？

「目覚まし時計が鳴ったら」
「お父さんやお母さんが起こしてくれたら」
「明るくなったら」

目が覚めて起きるにも、必ずきっかけがあるよね！
「自然と目が覚める！」なんて子もいるかな？
自然と目が覚めるのには、きっかけがないかな？
私たちの身体には、個人差があるけど、睡眠時間があるよ！

朝起きてから、「行ってきます」って家を出るまでに、どんなきっかけと動作を行っているか、書き出してみよう！ いろいろな動作を「順次」行っていることに気づくよね！
この順次行う動作のように、プログラムでは順番どおりに進行するのを覚えておいてね。

きっかけを知るために

私たちは、自分の気持ちや身体を通して「きっかけ」を知るんだ。

◆気持ちからのきっかけ

「虫歯になりたくないから」 → 「歯を磨く」
「パジャマで外に出るのは、恥ずかしいから」
→ 「服を着替える」

◆身体からのきっかけ

「おなかがすいたから」 → 「朝ご飯を食べる」
「おしっこがしたいから」 → 「トイレに行く」

普段はあまり意識していないけど、**朝の準備のなかにも、たくさんの、きっかけと動作が隠れて
いるよね！**
私たちは、とても大切なことほど意識してないことが多いんだ！

じゃあ、生きるためにいちばん大切なことって何かな？

「水を飲む？」
「ご飯を食べる？」

第1章 第2章 第3章 第4章 第5章 第6章 第7章 第8章 第9章 第10章 第11章 第12章 付録

35

どちらも大切だけど、もっと大切なこと！

「息をする！」

そう呼吸だ！　ふだん呼吸って意識してないよね！
でも呼吸ができなかったら死んじゃうよね！　すごく大切！

みんなが書いてくれた「きっかけ」と「動作」も、さらに細かく見ていくとたくさんの動作が含まれているよ。

 ## くり返す

たとえば「歩く」動作は、右足の膝をまげて、右足を前に出して、左足の膝をまげて、左足を前に出して、ってすごく細かい動きのくり返しだよね！　みんなは、どこまで細かく意識できるかな？

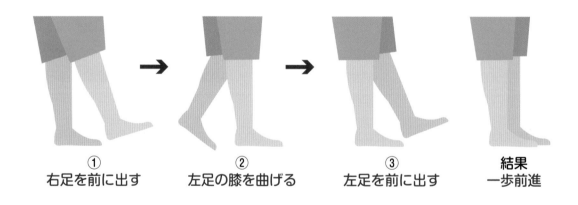

①	②	③	結果
右足を前に出す	左足の膝を曲げる	左足を前に出す	一歩前進

月曜日から金曜日まで、みんなは学校に行く日は、同じような「朝の準備」をくり返すよね！
プログラムにもこの「くり返す」という動作はよく使うから覚えておいてね！

条件分岐

そして、土曜日や日曜日は、学校がお休みだ！
もし学校が休みの日だったら、いつもの朝の準備とは違う動作を行うよね！

この「もし～だったら」という条件によって、動きが違うのが「条件分岐」という動作だよ。この条件分岐もよく使うから覚えておいてね！

整理すると、プログラムで大切なのは、

順次
くり返す
条件分岐

この3つがとても大切なポイントになってくるよ！

朝、学校に行くまでの準備

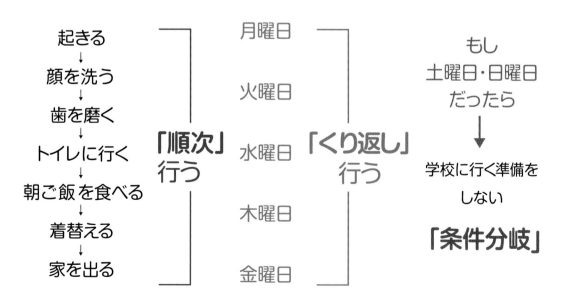

ロボットと人間の違い

私たちは、自分の気持ちや身体を通して「きっかけ」を知る。
この身体を通して、「きっかけを知る」ことに使っているのが五感だよ！

| 視覚 | 聴覚 | 触覚 | 味覚 | 嗅覚 |

ロボットはどうかな？
ロボットも、人間の五感と同じようなしくみを持っている。それをセンサーというよ！

ロボットには、「気持ちから」のきっかけはないので、この「センサーから」のきっかけと、みんなが与えた「命令から」のきっかけを知ることで、動くことができるよ。

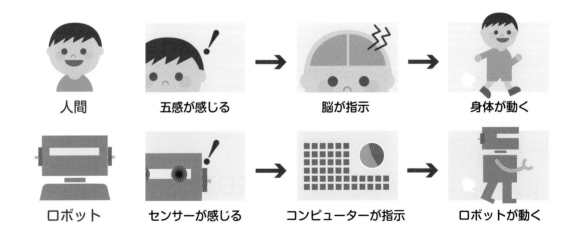

| 人間 | 五感が感じる | 脳が指示 | 身体が動く |
| ロボット | センサーが感じる | コンピューターが指示 | ロボットが動く |

人間とコンピューターやロボットの似ているところ、違うところを知ると、扱いかたの特徴がつかめてくるよ！
mBot にはロボットとして動くための基本的なプログラムが Makeblock の人たちによって、すでに組み込まれているよ。
だから、みんなは考えられる範囲で、1つ1つていねいにプログラミングしていこう！

mBotを動かす
準備をしよう

04 Windows で mBlock をセットアップしよう

mBot にプログラムをするアプリケーションの準備の仕方を説明するよ。パソコンの設定なので、大人といっしょにやってね！　ここでは、Windows 10 とMicrosoft Edge を使って解説するよ。マウスの操作方法は P.58 を参照してね。

mBlock をインストールしよう

ここは、大人といっしょにやってね。
mBot を動かすソフトウェアの「mBlock」は、誰でも無料でダウンロードできるよ。自分のパソコンの種類にあわせて、ダウンロードするファイルを選んでね！

1 Webブラウザー（Microsoft Edge）を起動して「https://www.mblock.cc/ja-jp/」にアクセスし、「ダウンロード」をクリック

2 「ダウンロード」をクリック

3 「実行」をクリック

「ユーザーアカウント制御」画面が表示されたら、「はい」をクリックします

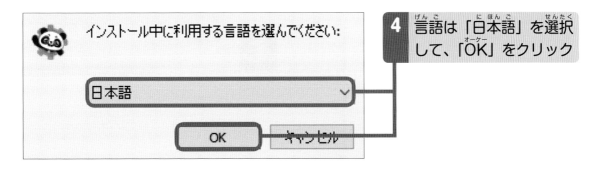

4 言語は「日本語」を選択
して、「OK」をクリック

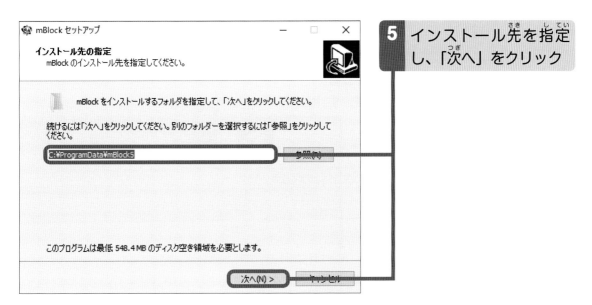

5 インストール先を指定
し、「次へ」をクリック

6 「次へ」をクリック

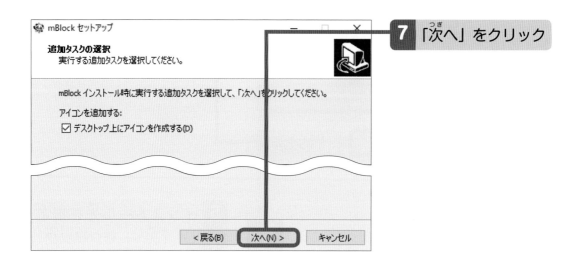

7 「次へ」をクリック

8 「インストール」をクリック

9 「完了」をクリック

42

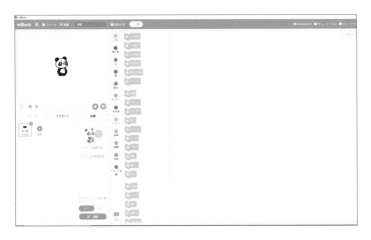

10 インストールが完了して、mBlock が起動する

表示を日本語に切り替えるには

mBlock の表示が日本語以外になっている場合は、日本語に変更しようね。

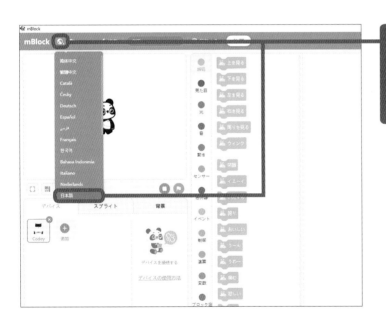

1 表示が英語になっている場合は、メニューバーの をクリックして、「日本語」を選択

保護者の方へ

mBlock は定期的にバージョンアップされて、使いやすくなっています。バージョンアップのダイアログが出てきたら、バージョンアップしてください。

05 Mac で mBlock を セットアップしよう

Mac のパソコンで mBlock を使う場合は、インストールの手順が Windows とは少し違うよ。どちらのパソコンなのか大人に確認してから作業してね！　ここでは、Safari を使って解説するよ。マウスの操作方法は P.58 を参照してね。

mBlock をインストールしよう

ここは、大人といっしょにやってね。

1 Webブラウザー(Safari)を起動して「https://www.mblock.cc/ja-jp/」にアクセスし、「ダウンロード」→「Mac」→「ダウンロード」の順にクリック

2 ダウンロードされたフォルダーを表示して、アイコンを「アプリケーション」フォルダーにドラッグ＆ドロップ

3 移動させたアイコンをダブルクリックし、「続ける」→「インストール」の順にクリック

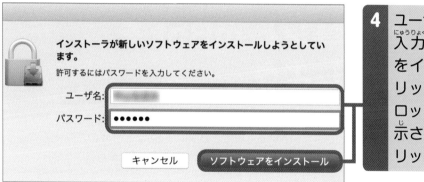

4 ユーザ名とパスワードを入力し、「ソフトウェアをインストール」をクリック。「拡張機能がブロックされました」が表示されたら「OK」をクリック

5 「閉じる」をクリックするとインストール完了。「アプリケーション」フォルダーで「Makeblock」→「mBlock」の順にクリックするとmBlockが起動

保護者の方へ

Macのセキュリティ設定により手順**4**で拡張機能がブロックされる場合があります。その際は「システム環境設定」から「セキュリティとプライバシー」を開き、🔒をクリックし、パソコンのユーザ名とパスワードを入力して、「ダウンロードしたアプリケーションの実行許可」の「許可」をクリックしてください。また、セキュリティ設定によりインストールできない場合は、「セキュリティとプライバシー」を開き、🔒をクリックし、パソコンのユーザ名とパスワードを入力して、「App Storeと確認済みの開発元からのアプリケーションを許可」にチェックを入れてください。

06 パソコンと mBot を接続しよう

パソコンに mBlock をインストールしたら、パソコンと mBot を接続してみよう！
はじめて接続するときは、いろいろな設定が必要になるよ。mBot のパワースイッチをオンにしてからやってみよう！　マウスの操作方法は P.58 を参照してね。

Windows パソコンと mBot を Bluetooth で接続しよう

パソコンと mBot を無線の Bluetooth というしくみで接続するよ！　無線とはケーブルを使わないで接続することだよ。

mBot のパワースイッチをオンにしておきます

1 スタートメニューで⚙をクリック

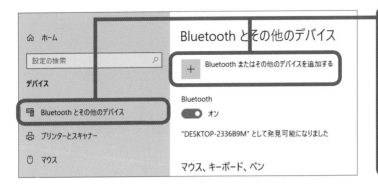

2 「デバイス」→「Bluetoothとその他のデバイス」→「Bluetoothまたはその他のデバイスを追加する」の順にクリック

3 「Bluetooth」→「Makeblock」→「完了」の順にクリック

mBlock と mBot を Bluetooth で接続しよう

mBlock と mBot の Bluetooth による接続作業は、mBlock を起動するごとに行ってね！

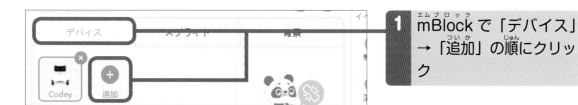

1 mBlock で「デバイス」→「追加」の順にクリック

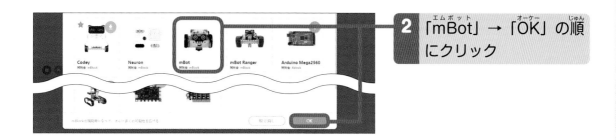

2 「mBot」→「OK」の順にクリック

3 「接続」をクリック

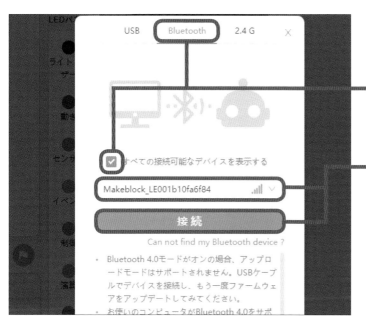

4 「Bluetooth」をクリックして、「すべての接続可能なデバイスを表示する」にチェックを付ける

5 「Makeblock」を選択し、「接続」をクリック

mBlock の上部に「接続しました。」と表示されたら完了です

Windows パソコンと mBot を USB ケーブルで接続しよう

パソコンと mBot を USB ケーブルで接続する場合について説明するよ。mBot に自分の作った
プログラムをアップロードしたいときは、USB ケーブルで接続してアップロードするよ。まず
パソコンと mBot を USB ケーブルでつないでから、下の手順で接続してね！

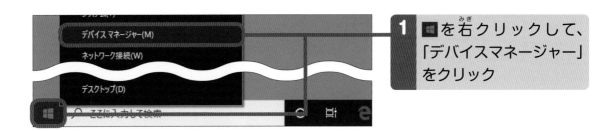

1 ⊞ を右クリックして、「デバイスマネージャー」をクリック

2 「デバイスマネージャー」で「ポート」をクリックし、USB ケーブルのポート（ここでは「COM3」）を確認

3 mBlock で「デバイス」→「追加」の順にクリック

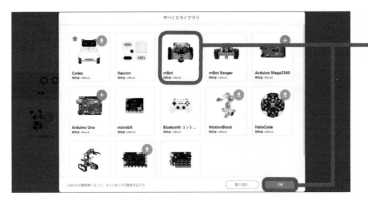

4 「mBot」→「OK」の順にクリック

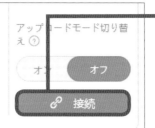

5 「接続」をクリック

6 「USB」をクリックして、「すべての接続可能なデバイスを表示する」にチェックを付ける

7 P.48手順❷で確認したUSBの接続ポートを選択し、「接続」をクリック

mBlockの上部に「接続しました。」と表示されたら完了です

Bluetooth Dongle で接続しよう

別売の Bluetooth Dongle を使うと、無線接続で mBot にプログラムのアップロードができるよ。パソコンに Bluetooth の機能がない場合も、Bluetooth Dongle があれば mBot を無線で操作できるよ。Bluetooth Dongle をパソコンのUSBポートにさして、P.48手順❶〜 P.49手順❼の操作を行うと接続できるよ。

mBot と mBlock のバージョンをあわせよう

みんなが mBot にプログラムをアップロードしたり、mBlock がバージョンアップしたりしたときに、mBlock のバージョンと、mBot のバージョンをあわせる方法を説明するよ！ あらかじめ、パソコンと mBot を接続しておいてね。

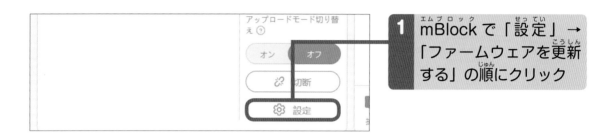

1 mBlock で「設定」→「ファームウェアを更新する」の順にクリック

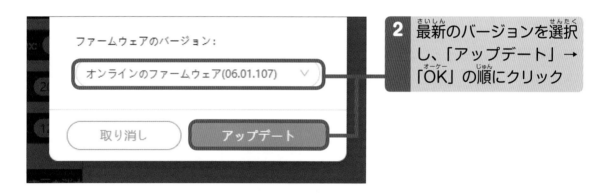

2 最新のバージョンを選択し、「アップデート」→「OK」の順にクリック

mBot を初期設定に戻そう

mBot の利用を開始したり、mBot にアップロードしたプログラムを解除したりするときは、mBot を初期設定に戻すよ！ あらかじめ、パソコンと mBot を接続しておいてね。

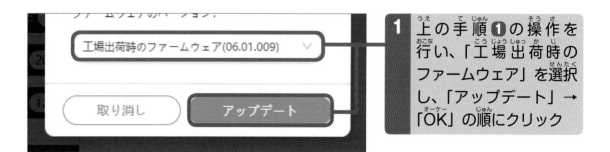

1 上の手順❶の操作を行い、「工場出荷時のファームウェア」を選択し、「アップデート」→「OK」の順にクリック

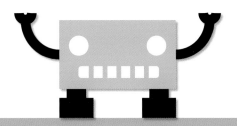

第**4**章

mBlockを
操作してみよう

07 mBot を操作する mBlock について知ろう

ここでは mBot を操作するために必要な、mBlock の操作方法を見ていくよ。画面は複雑そうだけど、はじめから全部を覚える必要はないよ。少しずつ覚えて、チャレンジしよう。マウスの操作方法は P.58 を参照してね。

mBlock って難しくない？

ブロック遊びは好きかな？　mBlock を使うと、ほとんどキーボードを使わずに、マウスでブロックをつなげてプログラムを作れるので、プログラムの大切な部分に集中できるよ！

mBlock を起動する

mBlock を起動するには、画面左下の⊞をクリックして「スタートメニュー」を開き、「mBlock5」→「mBlock」の順にクリックするよ。パンダのアイコンが目印だよ（デスクトップにもアイコンがあるかも）。macOS では、「mBlock」は「アプリケーション」のなかにあるよ！

1 「スタートメニュー」から、「mBlock5」→「mBlock」の順にクリック

操作画面

mBlock の操作画面について説明するよ。

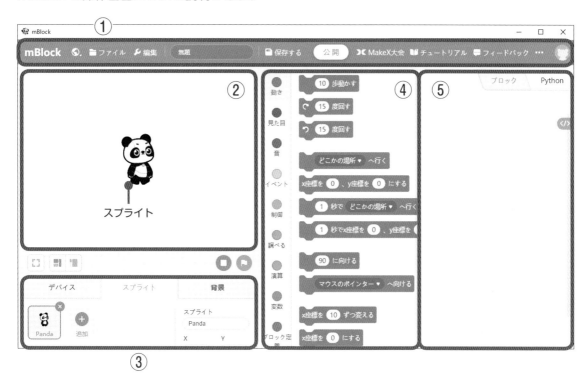

①メニューバー

プログラムの保存や mBlock の設定などができるよ。

②ステージ

起動した直後には、パンダがいるよ。もし mBot がなくても、このパンダをプログラムして動かすことができるよ！

③スプライトリスト

ステージに表示されているパンダなどのキャラクターや、自分で描いた絵を「スプライト」というよ。このスプライトリストでスプライトを選択できるよ。mBot の接続もここからできるよ。

④ブロックパレット

ブロックパレットには、いろいろな種類のカテゴリーに分類されたパレットが用意されているよ。

⑤スクリプトエリア

スクリプトエリアは、プログラムを作っていく場所だよ。ブロックパレット(P.55 参照)からブロックをこのエリアに移動させて、プログラムを作っていくんだ。スクリプトは脚本や台本という意味で、この本では、プログラムと同じ意味だと思っていいよ。

メニューバー

mBlock のウィンドウの上部にあるメニューバーについて説明するよ。

① 「mBlock」
「mBlock」は、mBlock の Web サイトにアクセスできるよ。

② 「言語設定」
「言語設定」は、言語を設定できるよ。

③ 「ファイル」
新しいプログラムを作るときや保存するときは、「ファイル」から選択するよ。新しいプログラムを作るときは「新規」をクリックしよう。自分の作ったプログラムを「プロジェクト」というよ！作ったプログラムを保存するときは「コンピュータに保存」をクリックして、前に作ったプロジェクトを開くときは「コンピュータから開く」をクリックしよう。

④ 「編集」
「編集」では、画面の表示を省略してスピードアップするときに使う「ターボモード」の設定ができるよ。ただし、mBot はターボにしても速くならないよ。

⑤ 「ファイル名」
「ファイル名」には、作業中のプロジェクトのファイル名が表示されるよ。

⑥ 「保存する」
「保存する」では、プロジェクトを上書き保存できるよ。

⑦ 「公開」
「公開」では、プロジェクトを Web で公開できるよ。

⑧ 「Make X 大会」
「Make X 大会」では、mBot の競技大会「Make X」の Web サイトにアクセスできるよ。

⑨ 「チュートリアル」
「チュートリアル」では、ユーザーガイドやサンプルプログラムを見られるよ。

⑩ 「フィードバック」
「フィードバック」では、mBlock の感想などを送れるよ。

⑪ 「…」
「…」は、アップデートの確認など、そのほかの機能が使えるよ。

ブロックパレット

mBlock にはいろいろなカテゴリーにわかれたパレットが用意されているよ。

パレットごとに、目的にあわせたブロックが入っているんだ。ここでは、パンダのブロックパレットについて紹介するよ。mBot のブロックパレットは P.70 で確認してね。

①動きパレット

左上のステージに置かれたスプライトを動かすためのブロックが入っているよ。

②見た目パレット

スプライトの見た目を変更するためのブロックが入っているよ。mBot が取ってきたデータの値を、スプライトの吹き出しに表示させて確認できるブロックもあるよ。

③音パレット

パソコン上で音を鳴らすためのブロックが入っているよ。

④イベントパレット

何かを動作させる「きっかけ」になるブロックが入っているよ。

⑤制御パレット

くり返しや条件分岐 (P.37 参照) を指定して処理の流れを制御するブロックが入っているよ。

⑥調べるパレット

マウスの位置を調べたり、タイマーで時間を計ったりするブロックが入っているよ。

⑦演算パレット

数を計算したり比較したりするブロックが入っているよ。

⑧変数パレット

変数という特別なブロックを作れるよ（P.88 参照）。

⑨ブロック定義パレット

自分で機能を設定するオリジナルブロックを作れるよ。

⑩拡張

そのほかの拡張機能が使えるよ。

① 動き

② 見た目

③ 音

④ イベント

⑤ 制御

⑥ 調べる

⑦ 演算

⑧ 変数

⑨ ブロック定義

⑩ 拡張

ブロックの形(かたち)は、主(おも)に6種類存在(しゅるいそんざい)するんだ。ハットブロック、スタックブロック、真偽(しんぎ)ブロック、値(あたい)ブロック、C型(がた)ブロック、キャップブロックだ!

・ハットブロック

頭(あたま)にかぶる帽子(ぼうし)みたいだから、ハットだよ。最初(さいしょ)のきっかけを与(あた)えたり、mBot(エムボット)にプログラムをアップロードしたりする役目(やくめ)を持(も)ったブロックだよ。主(おも)にイベントパレット内(ない)が「きっかけ」だよ。

・スタックブロック

ある「きっかけ」(イベント)で動(うご)きはじめる「動作(どうさ)」を実行(じっこう)するブロックだよ。スタックは積(つ)むっていう意味(いみ)だ。上(うえ)にへこみ、下(した)にでっぱりがあって、ほかのブロックとつながるよ。

・真偽(しんぎ)ブロック

「はい(真(しん))」か「いいえ(偽(ぎ))」の答(こた)えを返(かえ)す質問(しつもん)ブロックだよ!たとえば「あなたは男(おとこ)の子(こ)ですか?」ときかれたら、必(かなら)ず「はい」か「いいえ」で返(かえ)すよね。

・値(あたい)ブロック

数値(すうち)や文字列(もじれつ)を返(かえ)すブロックだよ。mBot(エムボット)が取(と)ってきたデータや、計算(けいさん)で求(もと)めた答(こた)えを返(かえ)すよ。

・C型(がた)ブロック

「C」の形(かたち)に似(に)ているブロックで、「ラップブロック」ともいわれるよ。「C」の間(あいだ)に、主(おも)にスタックブロックをくっつけることができるよ。くり返(かえ)しや条件分岐(じょうけんぶんき)をさせるブロックだよ。なかには「E」みたいな形(かたち)のブロックもあるけど、これもC型(がた)に含(ふく)めるよ。

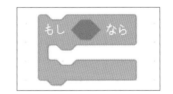

・キャップブロック

プログラムを停止(ていし)させるブロックだよ。下(した)が平(たい)らだからスタックブロックとは違(ちが)うね。最後(さいご)にプログラムを閉(と)じるのでキャップだよ!

コスチューム編集

スプライトリストで「スプライト」をクリックし、右下の「コスチューム」をクリックすると、スプライトのコスチュームを自由に描いたり、ライブラリーやファイルから読み込んだりできるよ。自分で描いた絵をアニメーションにしてもおもしろいよ。

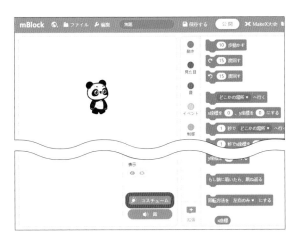

音編集

スプライトリストで「スプライト」をクリックし、右下の「音」をクリックすると、マイクから音を録音したり、ライブラリーやファイルから読み込んだりできるよ。身の回りの音を、プログラムで鳴らしてもおもしろいよ。

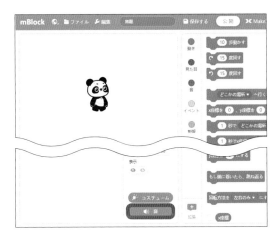
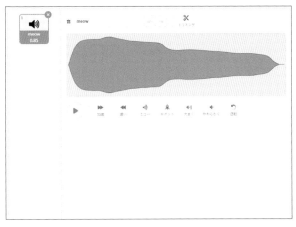

08 mBlockを使ってみよう

mBlock の基本についてわかったところで、実際の使いかたを確認してみよう！
ブロックを 1 つずつ動かしていくだけで、かんたんにプログラムが作れるよ！

mBlockを操作する前に

これまでに、mBlock の基本的な画面の見かたや、ブロックの種類について確認してきたね！
ここからは、実際に mBlock を操作してみよう！
mBlock では、ブロックをマウスで動かしたりするだけで、かんたんにプログラムが作れるんだ。
だからまず、マウスの使いかたを確認しておこう！

・クリック
クリックは、マウスの左側のボタンを 1 回押してすぐ離すことだよ。
クリックをすると「カチッ」と音がするよ。

カチッ！

・ダブルクリック
ダブルクリックは、マウスの左側のボタンをすばやく 2 回続けて押して離すことだよ。ダブルクリックをすると「カチカチッ」と音がするよ。

カチッ！
カチッ！

・右クリック
右クリックは、マウスの右側のボタンをクリックすることだよ。

カチッ！

・ドラッグ＆ドロップ
何かにマウスポインターを合わせて、マウスの左側のボタンを押したままマウスを移動して、別の場所でボタンを離す操作のことだよ。
ブロックを移動させるときなどに使うんだ。

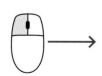

プログラミングの流れ

プログラムを作るには、ブロックパレットから、ブロックをスクリプトエリアに移動するんだ。ブロックをドラッグ＆ドロップすると、スクリプトエリアに移動できるよ。そのブロックを上から下に向かって積む（スタック）していくことで、プログラムを作っていくんだ。

ハットブロックの「きっかけ」によって、積んだブロックの指示を実行するよ。
下の例だと、緑色の旗（旗のマーク）をクリックすると、プログラムが実行されるよ。

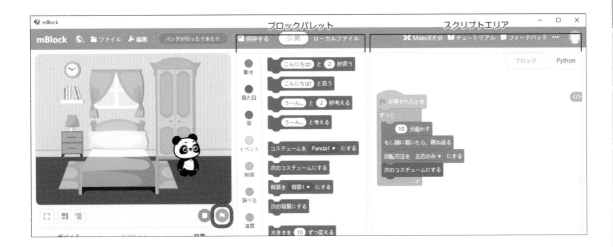

実行中のプログラムを止めたいときは、緑色の旗の左にある赤いボタンをクリックしよう。そうするとプログラムが止まるよ。

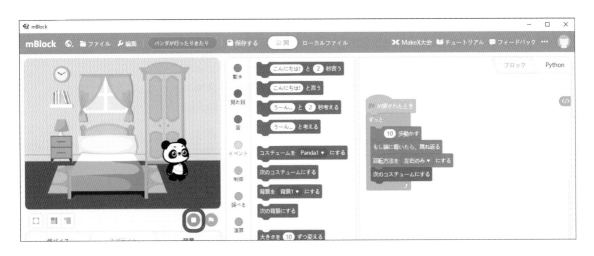

パンダを動かしてみよう

起動した直後は、パンダのスプライト（キャラクター）がステージにいるね。このパンダを動かすには、まず「スプライト」→「Panda」の順にクリックして、パンダ用のブロックパレットに切り替えてね。

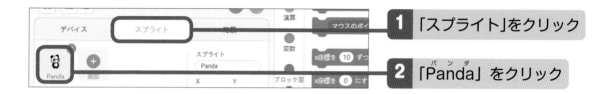

1 「スプライト」をクリック

2 「Panda」をクリック

まず最初にパンダを動かす動作には、きっかけが必要なんだ。だからまず、イベントパレットから「緑色の旗が押されたとき」ブロックを、スクリプトエリアにドラッグ＆ドロップしよう。

3 「イベント」をクリック

4 「緑色の旗が押されたとき」ブロックをスクリプトエリアにドラッグ＆ドロップ

その下に、動きパレットの「○○歩動かす」ブロックをくっつけるよ。同じくドラッグ＆ドロップでスクリプトエリアに持ってきてね。前に置いたブロックの下に別のブロックを近づけると、灰色の目印が表示されるので、マウスのボタンから指を離してね！

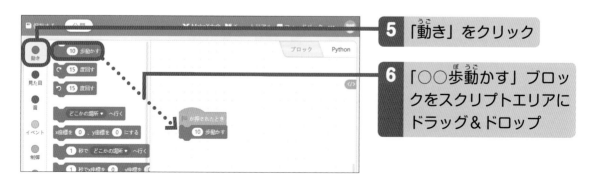

5 「動き」をクリック

6 「○○歩動かす」ブロックをスクリプトエリアにドラッグ＆ドロップ

できたら、緑色の旗をクリックしよう！
パンダが動いたかな？

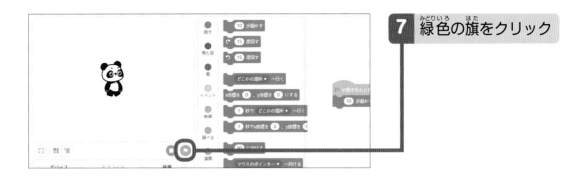

でも、ちょっとしか動かないよね。
10歩動かす指定になってるはずなのに……。
実は「○○歩動かす」ブロックの「10」という数字は、「ピクセル（ドット）」という、画面の小さな点の数のことを指しているんだ。
画面をよく見てみると、すごく小さな点がたくさん詰まっているのがわかると思うよ。
つまり、**この小さなピクセル10個分だけ動く**という意味なんだ。

それじゃあ、緑色の旗を何回もクリックしたらどうかな？
パンダがたくさん動いて、ステージの端のほうに隠れてしまうね。
いなくなったら大変だから、端に着いたら戻ってくるようにしてみよう。
みんなも、行き止まりのところを進もうとしないよね。

端に着いたら戻るようにするには、「もし端に着いたら、跳ね返る」ブロックを使うよ。
動きパレットから見つけてね。
「○○歩動かす」ブロックの下にドラッグ＆ドロップしてくっつけたら、また緑色の旗をクリックして確認してみよう。

ちゃんと跳ね返ったかな？
跳ね返ったけど、なんか変だ！ パンダが逆さになってしまうね。
実は、跳ね返るというのは、180度回転するという意味だったんだ。回れ右と同じだね。
これだと逆立ちになってしまうので、回転しないようにしないとね！

そんなときは、動きパレットの「回転方法を（左右のみ）にする」ブロックを使おう。
ブロックをくっつけたら、緑色の旗をクリックして確認しよう！
これでひっくり返らずに行ったり来たりできるようになったね！

それにしても、緑色の旗を何回もクリックするのって大変だ。
それじゃあ、1回クリックしただけで、ずっと動くように設定してみよう！

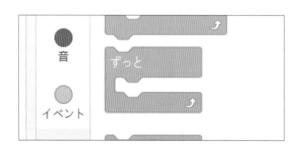

プログラムの話で出てきた、くり返す動き（P.36参照）を使ってみるよ。
くり返すときは、制御パレットの「ずっと」ブロックを使うよ。
アルファベットの「C」の形をしているブロックだ。

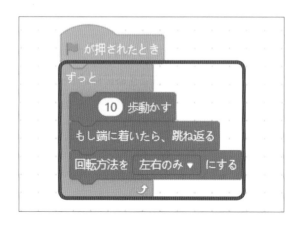

このCの形の間に、ずっと動かしたいブロックを入れてあげよう！
「(10)歩動かす」ブロックを下向きにドラッグ＆ドロップして一度切り離してから、「ずっと」ブロックに近づけると灰色の目印が表示されるのでマウスのボタンを指から離そう。
C形の口がぱくっと開いてブロックが入るよ！「緑色の旗が押されたとき」ブロックとくっつけてね！

緑色の旗をクリックすると、パンダがずっと行ったり来たりするね！
止めたいときは、緑色の旗の左にある赤いボタンをクリックして止めるよ。

でもまだ、何だか変なところがあるね。
パンダが同じ絵のまま移動しているから、歩いている感じがしない。

そんなときは、見た目パレットの「次のコスチュームにする」ブロックを使えるかも！
その前に「コスチューム」をクリックして、コスチュームの編集画面を見てみよう。

小さいパンダが2匹たてに並んでいるところがあるね。ここでそれぞれのパンダをクリックすると、パンダの絵が少し変わっているのがわかるかな。
最初に表示されているパンダは「costume1」の絵だよ。この絵を次のコスチューム「costume2」に変えるのが、「次のコスチュームにする」ブロックだよ。「costume2」の次の絵はないから、もう一度使うと「costume1」に戻るよ。これをくり返せばパンダが歩いているように見えるかも！

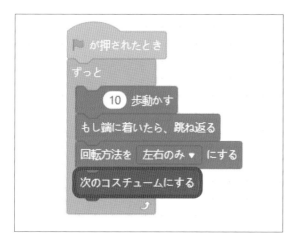

「×」をクリックしてブロックパレットに戻り、見た目パレットの「次のコスチュームにする」ブロックをくっつけてみよう。

これで緑色の旗をクリックするとどうだろう！？
歩いているように見えたかな？
いい感じだね！

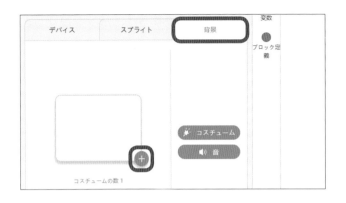

ところで、真っ白い画面を歩いているのはさみしいね。背景に絵を入れてあげよう！ スプライトリストの「背景」をクリックして、「＋」をクリックしようね。

たくさんの写真や絵が出てきたね。今回は、「Bedroom3」という絵を使ってみよう。ちなみに、「アップロード」をクリックするとパソコン内の写真や絵が選べて、「ペイント」をクリックすると自分で絵が描けるよ。

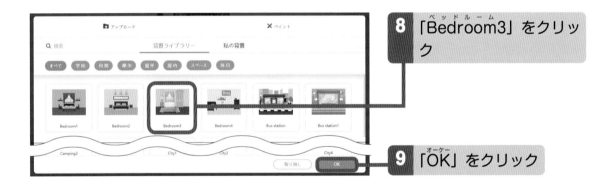

8 「Bedroom3」をクリック

9 「OK」をクリック

これで背景が入ったね！
パンダをステージ上でドラッグ＆ドロップすると、動かす位置を調整できるよ。
また、スプライトリストの「サイズ」の数字を変えると、パンダの大きさが変更できるから、背景にあわせて、パンダの大きさも調整してみてね。

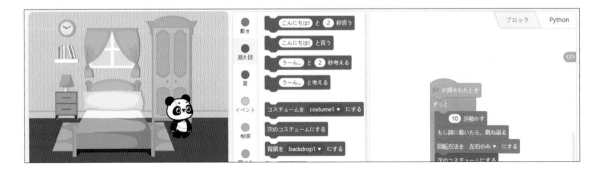

完成したら、作った作品（プロジェクト）を保存しよう！
メニューバーの「ファイル」→「コンピュータに保存」の順にクリックして、わかりやすいファイル名をつけて保存してね。

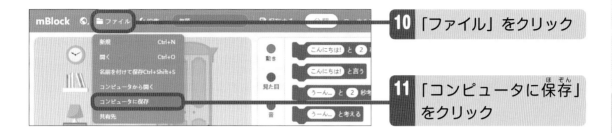

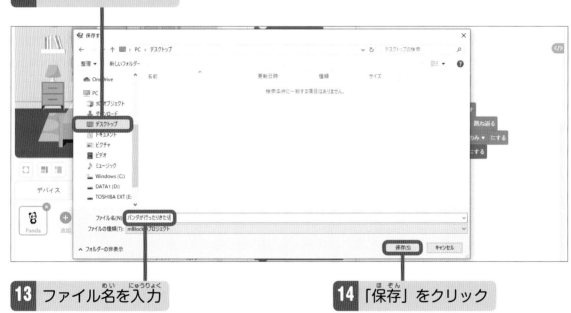

それぞれの章や説明が終わるごとだけでなく、気がついたときはいつでも、保存はしっかりこまめに行ってね。
保存を忘れちゃうと、またはじめからやり直しだから気をつけよう！ 2回目以降の保存は、メニューバーの「保存する」をクリックしてね！

保存したファイルを読み込む場合は、「ファイル」→「コンピュータから開く」の順にクリックしてね。保存したファイルを選んでから、「開く」をクリックすると読み込めるよ！

線を描いてみよう

次は、ペンのブロックを使ってみるよ。手で描く絵は、個性が出るからおもしろいよね。プログラムで描く絵は、何度でも規則正しく描けるから、別のおもしろさがあるんだ。

前に作ったプロジェクトが保存できたら、メニューバーの「ファイル」→「新規」の順にクリックしよう。起動した直後と同じ状態で、新しい画面が開くよ！「スプライト」→「Panda」の順にクリックしてパンダのブロックパレットにすることも忘れないでね。

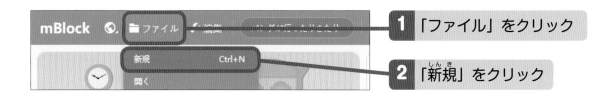

1 「ファイル」をクリック

2 「新規」をクリック

ペンのブロックは、スプライトが動いた跡に線を描くことができるブロックなんだ。ペンパレットははじめは出ていないから、ブロックパレットの「拡張」をクリックして、「ペン」の「追加」をクリックして、ペンパレットを出しておこう。

イベントパレットの「緑色の旗が押されたとき」ブロックを使って、まずきっかけを作るよ。次に、線が描けるようにするため、ペンパレットの「ペンを下ろす」ブロックをくっつけよう。最後に、動きパレットの「○○歩動かす」ブロックをくっつけて、動いた跡がわかりやすいように数値を「100」に変更してみよう。

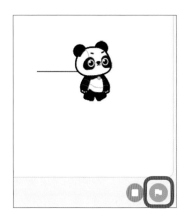

できたら、緑色の旗をクリックしよう！ パンダが移動した軌跡に線が引かれたかな。描いた線を消したいときは、ペンパレットの「すべて消去」ブロックを見つけてくっつけてね。描いた線を隠さないように、「サイズ」を変更してパンダの大きさを調整するといいよ。

ここまでで、「ファイル」→「コンピュータに保存」の順にクリックして、プロジェクトを保存しておこうね。名前は自分でわかりやすいものなら、何でもいいよ。

円を描いてみよう

「ファイル」→「新規」→「スプライト」→「Panda」の順にクリックして、次は円を描いてみよう。でも円って、手で描くのは難しいよね。みんなは円を描くとき、どうやって描いている？　そうだね、コンパスを使うときれいに円が描けるよね！　プログラムでもコンパスみたいにきれいな円が描けるよ。

プログラムで円を描くときは、角度のことも考えないとだめなんだ。角度の単位は、**ぐるっと一回転したときに回った角度が360度**、それを360で割ったのが1度と決められているよ。
いろいろな円の描きかたがあるけれど、シンプルに360回、1度ずつ角度を変えて、1歩ずつ動かしてみよう！　ちょっとだけ歩いて、ちょっとだけ曲がることをくり返すと円が描けるのと同じしくみだよ（うそだと思ったらやってみよう！）。

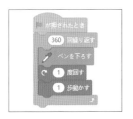

「緑色の旗が押されたとき」ブロックの下に、制御パレットの「○○回繰り返す」ブロックをくっつけて、数値を「360」にしよう。
そのなかに、ペンパレットの「ペンを下ろす」ブロックをくっつけよう。その下に、動きパレットの「○○度回す」ブロックと「○○歩動かす」ブロックをくっつけて、それぞれ数値を「1」にしよう。

できたら、緑色の旗をクリックしよう！　ちゃんと描けたかな？
パンダがどこかに行っちゃったりして、おかしくなってる人もいるかな？

描きはじめるときにパンダがステージの中心にいないと、行方不明になることもあるから、緑色の旗をクリックするごとに、最初の位置に戻るようにしよう。そのとき、前に描いた線も消すようにすると便利だよ。

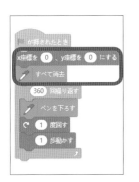

動きパレットから「x座標を○○、y座標を○○にする」ブロックを、ペンパレットから「すべて消去」ブロックを見つけてくっつけてね。
これで緑色の旗をクリックして問題がなければ、回数と角度、歩数の数字をいろいろ変えてみて、円が描ける組みあわせを見つけてみよう！
いくつのパターンを発見できたかな？

適当なタイミングで、「ファイル」→「コンピュータに保存」の順にクリックして、プロジェクトを保存しておこうね。

三角形を描いてみよう

「ファイル」→「新規」→「スプライト」→「Panda」の順にクリックして、次は三角形に挑戦しよう！
三角形の内角の和はいくつかわかるかな？　そう、180度だね！　正三

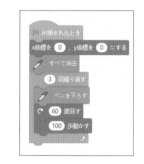

角形の場合は、1つの頂点の内角は、「180 ÷ 3 = 60」で、60度だ！
辺の数、頂点の数はどちらも3つだから、「60度」の回転を3回くり返

したら描けるかな。

使うのは、円を描いたときと同じブロックだけど、数値だけ変えよう。
「(3) 回繰り返す」「(60) 度回す」「(100) 歩動かす」で大丈夫かな？
できたら、緑色の旗をクリックしよう！

あれ！？　三角形にならない！！　どうしてだろう？？

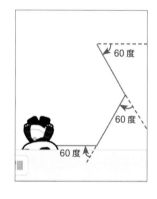

線を見ると、確かに3回曲がっているけれど、曲がりかたが小さすぎ
るみたい。あっ、そうか！
自分が正三角形の形に歩く様子を想像してみよう。実際に歩いてみて
もいいよ。頂点ではどのくらい回っているかな。次に、紙に正三角形
を描いて、分度器で曲がる角度を測ってみよう。
答えは120度じゃないかな。これは、180度から60度を引いた角度だ。
では、「(120) 度回す」にして、再挑戦しよう！

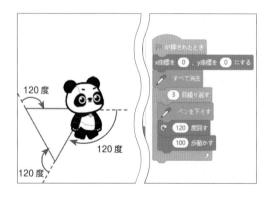

緑色の旗をクリックすると、今度はばっちりだ！
このように、180度から内角を引いた角度のこと
を外角というよ。このように、頭のなかだけじゃ
なくて、実際に体を動かして確かめることも大切
だよ。

「ファイル」→「コンピュータに保存」の順にクリッ
クして、プロジェクトを保存しておこうね。

チャレンジ

1. 数値を変えて、正三角形以外の正多角形やそれ以外の図形を描いてみよう。数値と
図形の間に何か規則は見つかるかな？

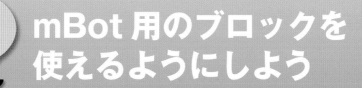

09 mBot 用のブロックを使えるようにしよう

ここまでは mBlock でパンダを動かすためのブロックパレットを使ってきたけれど、mBot を動かすためのブロックパレットは別にあるんだ。mBot 用のブロックパレットへの切り替えかたを確認しておこうね。

mBot のブロックパレットに切り替えよう

mBot を動かすためのブロックパレットに切り替えるには、mBlock に mBot を追加すればいいんだ。mBlock に mBot を追加する操作は、実は mBlock と mBot を接続するときに一度やっているんだよ（P.47 参照）。ここでも確認しておこうね。

1 「デバイス」→「追加」の順にクリック

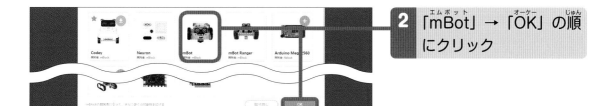

2 「mBot」→「OK」の順にクリック

mBlock に mBot を追加したあと、パンダのブロックパレットに切り替えた場合は、スプライトリストで mBot を選択すれば、mBot のブロックパレットに戻せるよ。

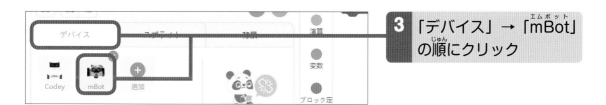

3 「デバイス」→「mBot」の順にクリック

mBot のブロックパレット

ここでは、mBot（エムボット）と接続（せつぞく）したときのブロックパレットについて紹介（しょうかい）するよ。P.55 で紹介（しょうかい）したパンダのブロックパレットと違（ちが）うところに注意（ちゅうい）しながら、しっかりと確認（かくにん）しておこうね。

① LED（エルイーディー）パネルパレット

別売（べつばい）の LED（エルイーディー）パネルを光（ひか）らせるブロックが入（はい）っているよ。

② ライト・ブザーパレット

mBot（エムボット）の LED（エルイーディー）ライトやブザーを操作（そうさ）するブロックが入（はい）っているよ。

③ 動（うご）きパレット

mBot（エムボット）を動（うご）かすためのブロックが入（はい）っているよ。

④ センサーパレット

mBot（エムボット）のセンサーを使（つか）うブロックが入（はい）っているよ。

⑤ イベントパレット

何（なに）かを動作（どうさ）させる「きっかけ」になるブロックが入（はい）っているよ。

⑥ 制御（せいぎょ）パレット

くり返（かえ）しや条件分岐（じょうけんぶんき）(P.37 参照（さんしょう))を指定（してい）して処理（しょり）の流（なが）れを制御（せいぎょ）するブロックが入（はい）っているよ。

⑦ 演算（えんざん）パレット

数（かず）を計算（けいさん）したり比較（ひかく）したりするブロックが入（はい）っているよ。

⑧ 変数（へんすう）パレット

変数（へんすう）という特別（とくべつ）なブロックを作（つく）れるよ（P.88 参照（さんしょう)）。

⑨ ブロック定義（ていぎ）パレット

自分（じぶん）で機能（きのう）を設定（せってい）するオリジナルブロックを作（つく）れるよ。

⑩ 拡張（かくちょう）

そのほかの拡張機能（かくちょうきのう）が使（つか）えるよ。

① LEDパネル

② ライト・ブザー

③ 動き

④ センサー

⑤ イベント

⑥ 制御

⑦ 演算

⑧ 変数

⑨ ブロック定義

⑩ 拡張

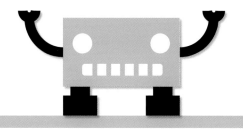

mBot を自由に
動かしてみよう

10 mBot のモーターを動かそう

mBot をコントロールするためのプログラムを見ていくよ！　mBot を動かすには、電波を使うんだ！　mBot の動きをちゃんと制御するために、1 つ 1 つていねいに確認していってね。

mBot を電波で動かそう

みんなは、ラジコンを動かしたことがあるかな？
ラジコンは「ラジオコントロールカー（無線操縦車）」のことだよ！
無線で車をコントロールできたら、自由自在だよね。無線で車をコントロールするには、電波を使うんだ！

電波を使った信号は、いろいろな種類があるんだ。
たとえば AM ラジオの電波は、アナログ信号を使っている。
mBot が使っている Bluetooth はデジタル信号を使っているよ！

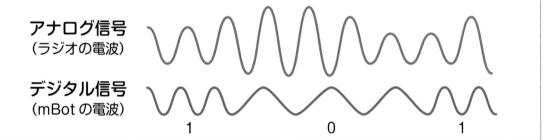

アナログ信号とデジタル信号の大きな違いは、**デジタル信号のほうが情報を正確に送れる**ってメリットがあることなんだ！
だから、私たちがこれから作るプログラムも、デジタル信号を使えば確実に送れるよ！
みんなはアナログ時計とデジタル時計、どちらのほうが時間を認識しやすいかな？
アナログ時計のほうが、時間の感覚がわかりやすい人もいるよね！
時と場合によって、アナログとデジタルを使い分けるといいよ！

やってみよう

では、さっそく見ていこう！　まずはモーターを動かすよ。「ファイル」→「新規」の順にクリックして、新しいプログラムを作ろう！
今回のきっかけはパソコンでキーが押されたときにするよ。「緑色の旗が押されたとき」ブロックじゃないから注意してね！

イベントパレットの「○○キーが押されたとき」ブロックを使って、パソコンで［↑］キーが押されたときに走るように設定するよ。キーの種類は「▼」をクリックして変更できるから、「上向き矢印」にしてね！　動きパレットから、「○○向きに○○％の速さで動かす」ブロックを見つけてね！

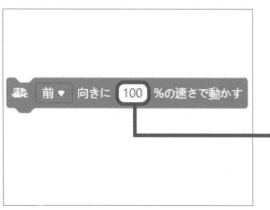

スピードは「50」のところをクリックすると変更できるよ！　正の値にすると指定した向きに走り、負の値（−）にすると指定した向きと逆に走るよ。
まずスピードを「100」％にしてみよう！

1 「50」をクリックして「100」と入力

「（上向き矢印）キーが押されたとき」ブロックとこのブロックをくっつけてみよう！

73

mBot の動きを止めよう

mBot はどうなると思う？　きっと車輪が回り続けて止まらないよね！
だって止まるためのプログラムを指示していないもの！　ひょっとしたら、机の上から落っこちたり、外に走って行ったりしちゃうかも！　では、どうやって止めてあげたらいいかな？　考えてみて！
街中の車は、アクセルを踏むと走り出して、ブレーキを踏むと止まる。このことをヒントにして、mBot が止まるようにできないかな？

ブレーキになるキーを押したら止まる！

そうだ！　［↑］キーとは別のブレーキになるキーを押したら止まるようにすればいいよね！

やってみよう

ここでもイベントパレットの「○○キーが押されたとき」ブロックを使うよ！　パソコンで［スペース］キーを押したときに止まるように設定するよ。
このブロックの下に、同じく「(前) 向きに○○ ％ の速さで動かす」ブロックをくっつけるよ。数値は「0」に変更しようね。

これで［↑］キーを押したら走って、[スペース]キーを押したら止まるようになるよ！　できたかな？
「0」％ の速さで動かすのは、ちょっと変な感じがするかもしれないけど、速さが 0 だから、結果として止まるんだね。

mBot を自由に動かそう

mBot は前進するだけじゃなくて、止まることもできるし、右や左、後ろに動かすこともできるんだ。mBlock でプログラムを作って、mBot を自由自在に動かせるようにしてみよう！

十字キーで動かそう

[↑] キー以外の十字キーを押しても、mBot が動くようにしてみよう！　十字キー「↑」「↓」「→」「←」のそれぞれに進む方向とスピードを設定して、コントロールできるようにしてみよう。

1 「スペース」の右側の「▼」をクリックして、パソコンのキーを選択

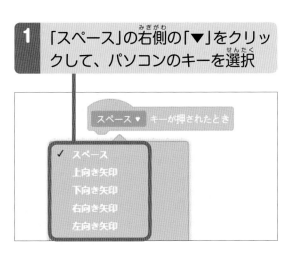

2 「前」の右側の「▼」をクリックして、mBot の進む方向を選択

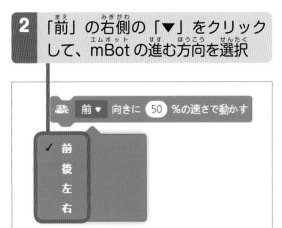

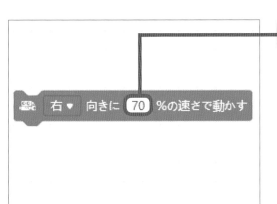

3 数字をクリックして、速さを入力

完成したら十字キーで mBot を自由に動かしてみよう！　問題なくコントロールできたら、スピードを変えてみよう。

第1章
第2章
第3章
第4章
第5章
第6章
第7章
第8章
第9章
第10章
第11章
第12章
付録

注意

「40」% 以下の速さに設定すると、回転力が少なくて走らない場合もあるから、低速にしたいときは、「50」% の速さを1回入れてから、設定してみてね。

スピンさせてみよう

ここまでで使ったブロックでは、前後左右の4つの動きしか設定できないんだ。
だけど mBot は、左右に別のモーターがついているから、**それぞれ別々に速度を設定して、細かな動きをさせたり、スピンさせたりすることもできるよ！**
動きパレットから、「左のタイヤを○○ % の速さ、右のタイヤを○○ % の速さで動かす」ブロックを見つけてね。
今回は「○○キーが押されたとき」ブロックを使って、[a] キーが押されたとき、スピンするように設定してみよう！ [スペース] キーを押してスピンを止めるためのブロックも作ろうね。

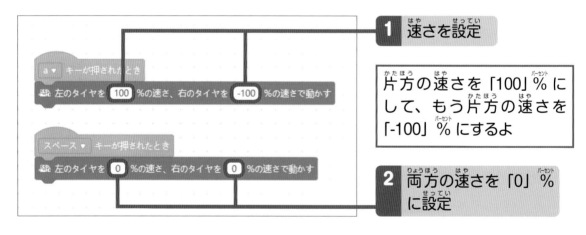

1 速さを設定

片方の速さを「100」% にして、もう片方の速さを「-100」% にするよ

2 両方の速さを「0」% に設定

「ファイル」→「コンピュータに保存」の順にクリックして、プロジェクトを保存しておこうね。

チャレンジ

1. 四角や三角、円の形に走行させてみよう。
2. 左右のモーターの速さを「100」%、「-100」% 以外にしてみよう。

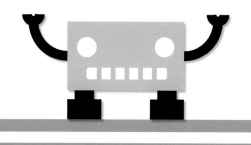

mBot に
うたわせてみよう

12 mBlock で 音楽を鳴らそう

mBlock を使えば、音楽をかんたんに鳴らすことができるよ。音の高さや長さを自由に設定することができるから、好きな音楽を作ってみよう！　ここでは、パソコンから音が鳴るよ。パソコンのスピーカーの音量を調整しておこうね。

音パレット内のブロックで音を出そう

音は空気の振動で聞こえているんだよ！　パソコンのスピーカーも空気を振動させて音を出しているんだ。

最初は mBlock の音ブロックを使って、曲を作って鳴らしてみよう！

「ファイル」→「新規」の順にクリックし、パンダのブロックパレットに切り替えて、新しくプログラムを作ろう！

まず、ブロックパレットの「拡張」をクリックし、「音楽」の「追加」をクリックして、音楽パレットを出そう。

音楽パレットから「○○の音符を○○拍鳴らす」ブロックを見つけてね！　このブロックでは音階と音の長さを設定するよ。

電子楽器には MIDI（Musical Instrument Digital Interface）という規格があるんだけれど、mBlock を使ってパソコンで鳴らすときの音階には、MIDI の番号（ノートナンバー）が割りあてられていて、「ド（C4）」は「60」になるよ。

「60」をクリックすると、ピアノの鍵盤で確認しながら設定できるから、楽譜をよく見て入力してみよう！

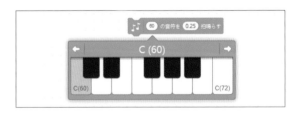

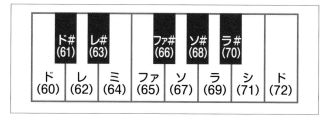

♪♫ 60 の音符を 0.125 拍鳴らす	8分音符	♪
♪♫ 60 の音符を 0.25 拍鳴らす	4分音符	♩
♪♫ 60 の音符を 0.5 拍鳴らす	2分音符	♩
♪♫ 60 の音符を 1 拍鳴らす	全音符	○

音の長さは、小数を使って表現しているよ。
なので音符の長さの設定は、こうなるよ！ ここでは
全音符を1拍としているけれど、この1拍は楽譜の1拍と違うから気をつけてね。
音符の種類については、次のページを確認してみてね。

やってみよう

まずは「きらきら星」を奏でてみよう。

きらきら星

保護者の方へ

コンピューターで作る音楽は、テンポや拍の取りかたが、そのコンピューターの性能によってずれる場合があります。設定が合っていても、リズムが正確ではないときがあるので、何回か試してチェックしてください。

みんなは五線譜って読めるかな？　ちょっと難しいけど、読めたらかっこいいよね！
苦手な人もいるかもしれないけど、安心して！　楽譜が苦手でも音楽は楽しめるよ！

この曲で使われている音符は2種類あるよ！

4分音符は、1小節（たて線で仕切られている音符の部屋）に4つの音が入る長さ。
2分音符は、1小節に2つの音が入る長さ。
4分の1と、2分の1はどちらが大きいかな？

もちろん、2分の1のほうが大きくて、2分音符のほうが2倍長い音だね！

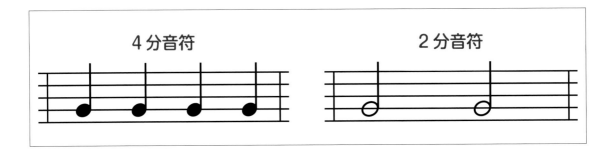

少しずつ見てみよう。
まずは最初の2小節（❶）では、「ドドソソララソ」が入っている。**最後のソだけが、2分音符**だよ。
これを音ブロックで作ってみよう。

最初の6つの音は「0.25」拍鳴らす。最後の
ソだけが「0.5」拍鳴らす音だよ。

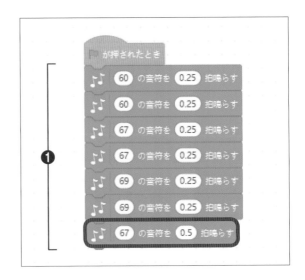

音楽ブロック（音符）は、上から下に向かって順番に並べるよ！
このほうが、五線譜よりわかりやすい人もいるかな？

次の２小節（❷）には、「ファファミミレレド」が
入っている。ここも最後のドだけが２分音符だ。

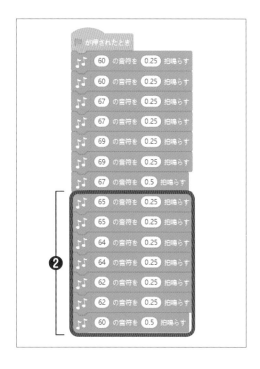

次の２小節（❸）は、「ソソファファミミレ」だ。
同じく最後のレだけが２分音符。そして同じメロディ
が次の２小節（❹）でもくり返されているよ。

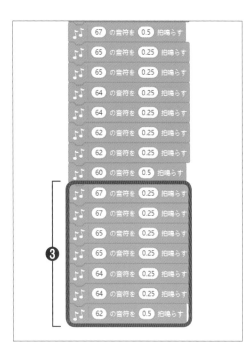

同じメロディをもう一度作るのは大変だ！
複製してくっつけちゃおう！
複製したいところのブロックの上で、右クリックすると「複製」「コメントを追加」「ブロックを削除」「このスクリプトをイメージにエクスポートする」のメニューが出てくるので、「複製」をクリックしてみよう。右クリックしたブロックから下のブロックが、一気に複製できちゃうよ。

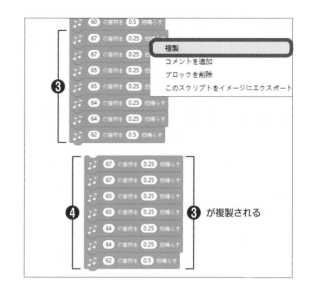

ということは！？
最後の4小節（❺❻）は、最初の4小節（❶❷）と同じだ！！！
こっちも複製しちゃえっ！

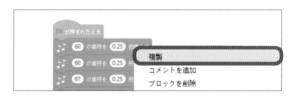

そのまま複製してくっつけただけだと、2段目の4小節（❸❹）がくっついてきちゃうから、いらないブロックを右クリックして、「ブロックを削除」をクリックして削除しよう。

> ブロックの削除は1つずつ行う必要があります

最後まで作れたら、緑色の旗をクリックして、再生してみよう！
ちゃんときらきら星に聴こえるかな？　どこか変だったら楽譜と比べて直そう。完成図が見たかったら次のページにあるよ。

音楽ブロックは、「楽器は○○を設定する」ブロックで、いろんな音色に変えられるよ！　「テンポを○○にする」ブロックでテンポも変えられるよ！　このブロックの数字は「Beats Per Minute (BPM)」といって、1分間で打つ拍の数だよ！　大きな数値にすると速くなり、小さな数値にするとゆっくりになるよ。

◆ 完成図

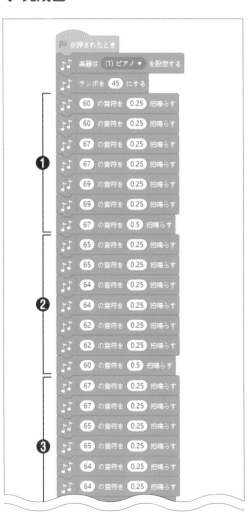

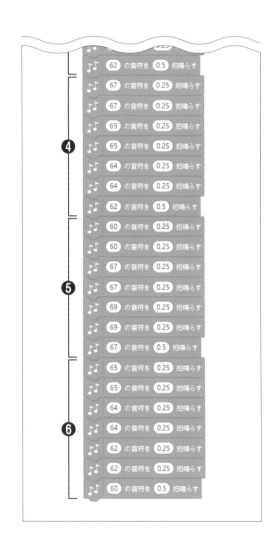

完成したら、緑色の旗をクリックして聴いてみよう！　スクリプトエリアに収まりきらなくなったら、⊖をクリックして表示を縮小するといいよ！　ここで「ファイル」→「コンピュータに保存」の順にクリックして、プロジェクトを保存しておこうね！

13 mBot で音を鳴らそう

mBot でブザーを鳴らしてみよう！　ここでは、ブザーの鳴るしくみや音について理解を深めよう。まずは mBot のブザーの確認からはじめよう！

mBot も歌をうたえる？

みんなは歌をうたうのが好きかな？　実は mBot もうたうのが好きだよ！　だけど、ときどき音痴になるんだ。音痴になっても笑わないでね！　mBot に曲を覚えさせたら、いっしょにうたってみよう！　合奏なんかもいいかもね！　音を誰かといっしょに奏でるって楽しいよね！

ブザーのしくみを知ろう！

mBotは音を鳴らすことができるよ！　mBotのケースを外して、mBot の右目の上あたりについているブザーを確認してみよう！「Buzzer」の表示を見つけられるかな？　確認できたらケースをもとに戻そう。

ブザーのしくみはこうなっているよ。コイルに電流を流したり切ったりすると、磁片が磁石に吸い寄せられたり離れたりして、振動板がふるえる。その振動が空気に伝わり、人間の鼓膜に伝わって音が聞こえているんだよ！　だから、ブザーを触ったり、ゆすったりすると、音が外れてしまうんだ。

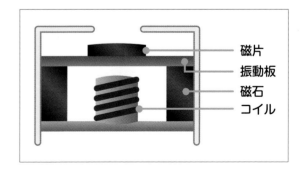

磁片
振動板
磁石
コイル

しくみがわかったところで、さっそく鳴らしてみよう！

「ファイル」→「新規」の順にクリックし、mBotと接続して、新しくプログラムを作ろう！
今回もきっかけは、「緑色の旗が押されたとき」ブロックを使うよ。

「○○の音階を○○秒鳴らす」ブロックを、ライト・ブザーパレットから見つけて、「緑色の旗が押されたとき」ブロックの下にくっつけてね！

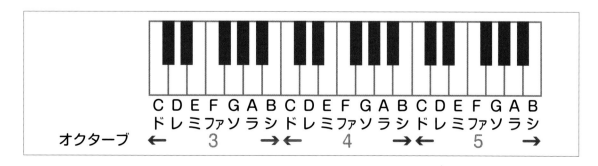

1 「緑色の旗が押されたとき」ブロックと「○○の音階を○○秒鳴らす」ブロックをくっつける

緑色の旗をクリックしてみよう！　音が鳴ったかな？
「ファイル」→「コンピュータに保存」の順にクリックして、プロジェクトを保存しておこうね。

みんなは音楽の時間で、ドレミファソラシって習ってるよね！
ピアノで見るとこんな感じだ！
英語では、ドレミをCDEと表記するよ。

C	D	E	F	G	A	B	C	D	E	F	G	A	B	C	D	E	F	G	A	B
ド	レ	ミ	ファ	ソ	ラ	シ	ド	レ	ミ	ファ	ソ	ラ	シ	ド	レ	ミ	ファ	ソ	ラ	シ

オクターブ　←　3　→　←　4　→　←　5　→

数字は、その音階「ドレミファソラシ」を1グループとしたときの、オクターブを表しているよ。
3オクターブ目にあるC（ド）の音は、オクターブの数と音をならべて「C3」と表すよ。4オクターブ目にあるC（ド）なら「C4」だ！
この「C4」の「ド」が真んなかの基準になることが多いんだ。
「C4」の「1オクターブ」上の音なら「C5」になるよ。
こうした音の表記を、「国際式表記」と呼ぶことを覚えておいてね。

さらに詳しく

世界的な基準では、「A4」の音、ドレミでいうと「ラ」の音を、440Hzにしましょうって決めている。Hzとは、音波の1秒間の振動数（周波数）のことだよ。1秒間に440回の波があると、440Hzになるよ！
これを「国際標準ピッチ」というんだ！　この「A4（ラ）」の音を決めて、ほかの音の周波数を決めているんだ！
mBotのブザーもプログラムの設定で、1秒間に440回の振動で「ラ（A4）」の音を出しているよ！

mBotのいろんな音階を確かめてみよう！
「ファイル」→「新規」の順にクリックし、mBotと接続して、新しくプログラムを作ろう！
音階で、ドレミファソラシドが設定できるよ。

「○○の音階を○○秒鳴らす」ブロックは、音を鳴らす長さを秒数で設定するよね。この秒数を音符に置きかえると、だいたい右の図のようになるよ。

ただ、同じ音符でも、曲によって長さが変わるものだということは覚えておいてね。

右のようにブロックをつないでから、緑色の旗をクリックしてみよう。ドレミファソと鳴ったかな？

できたら、「ファイル」→「コンピュータに保存」の順にクリックして、プロジェクトを保存しておこうね。

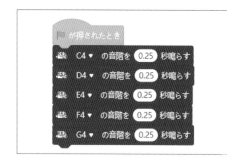

できなかったら確認しよう

うまく動かないときは、次の問題があるかもしれないよ。確かめてみよう。

1. mBlock が mBot に接続されていない（P.47 参照）。
2. 電池ホルダーに電池が入っていないか、電池が消耗している。
3. パワースイッチがオンになっていない。
4. 音階を鳴らすブロックとは違うブロックになっている。

チャレンジ

1. C2 から D8 まで鳴らしてみて、どんな音の変化があるか調べてみよう。
2. ブザーの音を大きくするにはどうすればいいかな？　たとえば、紙でメガホンを作ったらどうなるかな？

14 mBot を自由に うたわせてみよう

mBot が出せる音には、限りがあるけど、自分で音を設定すれば、どんな音でも出せるようになるよ。音のしくみを理解して、自由に自分の出したい音を出してみよう！

 ## mBot の音階はわかりにくい

そろそろ mBot もうたいたそうだね！

「ファイル」→「新規」の順にクリックし、mBot と接続して、新しくプログラムを作ろう！

mBot がうたうには、ライト・ブザーパレットから「○○ Hz の周波数で音を○○秒鳴らす」ブロックを見つけてね。

これまで使ってきた音のブロックと違うブロックだ！

P.86 にも少し出てきた、周波数の Hz で音を指定するようになっているよ。

P.78 でやった MIDI ノートナンバーや、P.86 でやった国際式表記も少し難しかったけれど、周波数はもっと難しいよね。

1 つずつ音の周波数を調べていたら、日が暮れちゃいそう。

 ## わかりやすい音階を作ろう

そうだ！　わかりやすい音階のブロックを作っちゃおう！

ここで役に立つのが「変数」だよ！

変数には、名前をつけて、そのデータ（値）を設定できる。

こうすることで、使いたいデータを、すぐに呼び出せるんだ！

88

つまり、変数の名前を「ドレミファソラシ」にして、それぞれ音のデータを割りあてれば、わかりやすい「ドレミファソラシ」で音階を作り直せる!
これで mBot といっしょにうたえそうだね!

変数で音を設定するときには、周波数をデータとして入力するんだ。
国際式表記や MIDI ノートナンバーとあわせて確認しておこう!

鍵盤の音	国際式表記	MIDI ノートナンバー	周波数
シ	B3	59	246.9
ド	C4	60	261.6
ド#	C#4	61	277.2
レ	D4	62	293.7
レ#	D#4	63	311.2
ミ	E4	64	329.7
ファ	F4	65	349.2
ファ#	F#4	66	370
ソ	G4	67	392
ソ#	G#4	68	415.4
ラ	A4	69	440
ラ#	A#4	70	466.2
シ	B4	71	493.9
ド	C5	72	523.3
ド#	C#5	73	554.4
レ	D5	74	587.4
レ#	D#5	75	622.3
ミ	E5	76	659.3
ファ	F5	77	698.4
ファ#	F#5	78	740
ソ	G5	79	784
ソ#	G#5	80	830.7
ラ	A5	81	880
ラ#	A#5	82	932.4
シ	B5	83	987.8

それじゃあ、変数を使って音を作ってみよう！
ブロックパレットの変数パレットを見てみて！
ここに「変数を作る」ってボタンがあるね！　クリックしてみよう！

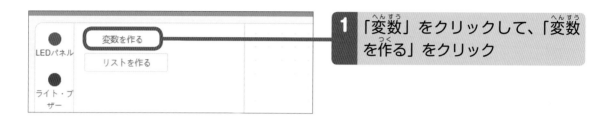

1 「変数」をクリックして、「変数を作る」をクリック

「新しい変数」ってパネルが出てきた。変数名は自由につけられるよ！
まずは「ド」から作ってみよう！　その下の選択ボタンは、「すべてのスプライト用」にチェックしたままでいいよ！　この操作をドからシまでくり返して行ってね。
※1つのスプライトにしか使わないときは、「このスプライトのみ」にチェックしてね。

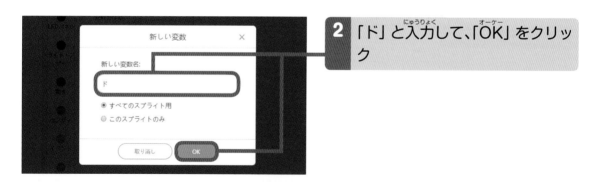

2 「ド」と入力して、「OK」をクリック

3 変数ブロックができる

続けて、同じようにすべての変数「レ」「ミ」「ファ」「ソ」「ラ」「シ」を作ってください

90

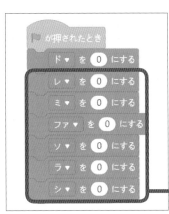

「緑色の旗が押されたとき」ブロックを置いてから、この変数ブロックを使って、「ドレミファソラシ」を作ってみよう！

「○○を○○にする」ブロックをスクリプトエリアに持ってきて、右クリックして「複製」をクリックして、7個のブロックに複製してみよう。複製できたら、変数名の右側の「▼」をクリックして、1つずつ音階の表記を変えてね。

4 「レミファソラシ」を複製

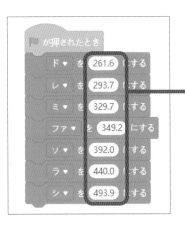

続いて「0」の数値に、データを入れていくよ。
さっきの周波数の表を見ながら、数値を入れていってね！

5 周波数を入力

次に「○○ Hzの周波数で音を○○秒鳴らす」ブロックをスクリプトエリアに持ってきて、「700」に変数パレットの「ド」ブロックを合体させるよ！

6 「ド」ブロックをドラッグ＆ドロップ

各音階を合体させたら音階の設定はOK！ これから4分音符をたくさん使うから、「0.25」秒に設定しておこう！

91

作った音のブロックを使って、mBotと「きらきら星」をうたってみよう！
P.79のきらきら星の楽譜を見ると、1段目と3段目は同じメロディのくり返し。
2段目は2小節ずつ同じメロディのくり返し。
くり返しは、制御パレットの「○○回繰り返す」ブロックを使ってみよう！　回数は2回でいい
から、「10」のところを「2」に変えておこう。

まずはじめに、「ドドソソララソファファ
ミミレレド」を入れてみよう！

次に、「ソソファファミミレ」を2回くり返すよ。

これで、楽譜の2段目まではうたえるね！

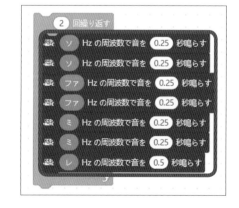

問題は、最後にもう一度、1段目をくり返すところだ！

ところでロシアの「マトリョーシカ」という人形を知ってるかな？　人形の中に同じ形の人形が入っていて、どんどん小さな人形が出てくる民芸品だよ。マトリョーシカみたいに、小さい人形から少しずつ大きい人形に入れていく感じ！　これをプログラムでは、**入れ子構造**っていうんだ！ここでは、この入れ子構造を使うよ！

「ずっと」ブロックで全体を囲ってみたらどうだろう！
左のように、入れ子構造になるね。

完成したら、緑色の旗をクリックして実行してみよう。ちゃんと演奏できた！？
できたと思ったら、曲が終わったあとでまた2段目に進んじゃって、止まらないね！
2回目は2段目に進まないようにしたいなぁ。

そうだ！　回数を数えて、2回目は2段目に進まないようにしたらいいんじゃない？

でもどうやるのだろう！？

ここでも使えるのが変数だよ！
変数で回数を数えられるんだ！
変数ブロックで、「回数」ブロックを作ってみよう！

7 「新しい変数」で「回数」と入力し、「OK」をクリック

ブロックができたら、回数を数えるように「（回数）を（1）にする」ブロックを見つけよう！
このブロックを、2段目のメロディが再生されたあとにくっつけるよ。

そして、制御パレットから「もし○○なら　でなければ」ブロックを見つけてね！
このブロックの上の段に、2段目のメロディのブロックを入れてみよう。
そして下の段には、制御パレットから「（全てを止める）」ブロックを入れてみて！

あとは、**曲を止める条件を決めるだけ。**
1回目は変数の「回数」はカウントされていないから、「0」。
1回2段目のメロディが再生されたら、変数の「回数」は「1」になるので、条件はこれだ！

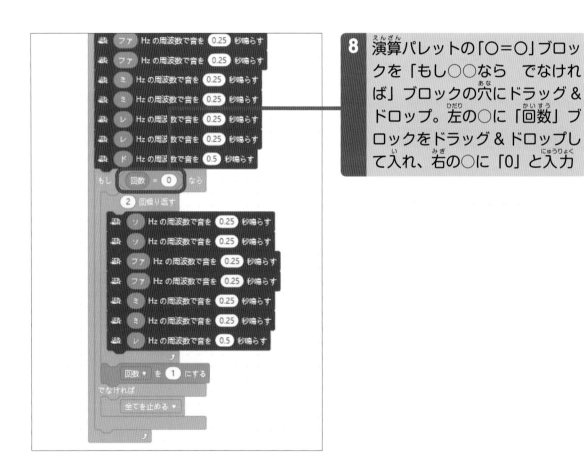

8 演算パレットの「○＝○」ブロックを「もし○○なら　でなければ」ブロックの穴にドラッグ＆ドロップ。左の○に「回数」ブロックをドラッグ＆ドロップして入れ、右の○に「0」と入力

もし、回数が「0」なら、2段目のメロディが再生される。
回数が「0」でなければ、すべてを止めるので、曲は終わる。
これでOK！

けれども変数は、再生するたびに数字を1にするから演奏を開始するときに、「0」に戻すように設定してね！

「ずっと」ブロックの上に、「(回数) を (0) にする」ブロックを追加しておこう。それから、先頭に「緑色の旗が押されたとき」もつけるといいね。

では、緑色の旗をクリックして実行してみよう。きちんとうたえたかな？
実行中の変数の値が左上のステージ内に表示されるから、確認するといいかも。
プログラムで作曲を考えるとおもしろいね！
自分の好きな曲も作れるから、チャレンジしてみよう！

ここで「ファイル」→「コンピュータに保存」の順にクリックして、プロジェクトを保存しておこう。できたら、「ファイル」→「新規」の順にクリックし、mBot と接続して、次の曲にチャレンジしよう！

さらにやってみよう

次の曲はちょっと難しいけど、がんばってチャレンジしてみてほしいな。
「大きな古時計」って曲だ！　楽譜を見てみるよ！

大きな古時計　　　作曲　ワーク

レ ソ ファ# ソ ラ ソ ラ シ シ ド シ ミ ラ ラ ソ ソ ソ ファ# ミ ファ# ソ レ レ
ソ ファ# ソ ラ ソ ラ シ ド シ ミ ラ ラ ソ ソ ソ ファ# ミ ファ# ソ ソ シ
レ シ ラ ソ ファ# ソ ラ ソ ファ# ミ レ ソ シ レ シ ラ ソ ファ# ソ ラ レ
ソ ソ ラ シ シ ド シ ミ ラ ラ ソ ファ# ソ レ レ
ソ レ レ ミ レ レ シ レ シ レ レ ソ レ レ ミ レ レ シ レ シ レ レ
ソ ソ ラ シ シ ド シ ミ ラ ラ ソ ファ# ソ

出てくる音符の種類は、きらきら星よりぐぅ〜っと多いよ。黒鍵や、音を出さない休符もある。
出てくる音符は、2分音符、4分音符、8分音符。休符は、4分休符、8分休符。スタッカート（·）
もある！　スタッカートは、その音符の約半分の長さだね。
よくみると、付点2分音符まである。付点2分音符は、その音符の1.5倍の長さだ。
こりゃ〜大変だ！　スタッカートや付点2分音符については、P.98を参照してね。

「○○を○○にする」ブロックをたくさん複製して、P.89の周波数の表を見ながら、それぞれ変数名と周波数のデータを入れていってみよう！
音階をたくさん使うから、さっきよりも多く必要だ！
下の音階のシから、上の音階のレまであるから、変数名の付けかたも考えなきゃ！ ここでは、下の音階を「↓」、上の音階を「↑」で表すことにしよう。

B3「シ↓」
C4〜B4「ド・レ・ミ・ファ・ファ＃・ソ・ラ・シ」
C5・D5「ド↑・レ↑」

これがわかりやすいかな？ 矢印の記号は「やじるし」で変換すると出てくるよ。
すべての音階を作ると右のようになるよ！
みんなはできたかな？
完成したら、まずは正しく設定されているかチェックしてね！

このブロックの最後に続けて、「○○Hzの周波数で音を○○秒鳴らす」ブロックをスクリプトエリアに持ってきて、楽譜にあわせて組み立てていこう。きらきら星と同じやりかただけど、数が多いから大変だ！ がんばって作ってみよう。
途中まででも鳴らすことができるから、疲れた人は、そこまででもいいよ。

ところで、mBot のブロックには、休符がないね。
制御ブロックの「○○秒待つ」ブロックで代用できるよ。
4分休符は「0.25秒待つ」に、
8分休符は「0.125秒待つ」に設定してね。

付点2分音符は、2分音符の1.5倍の長さになる。
2分音符のブロックは、「0.5」秒に設定しているね。
「0.5」秒の1.5倍の長さはいくつかな？ 「0.75」秒だね。
付点2分音符のブロックは、○○秒の部分に「0.75」と数値
を入力してね。

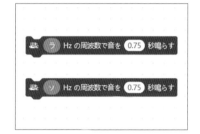

ところで、音符を見てみると、4分音符にス
タッカート（・）がついているよね！ スタッ
カートは、その音符の半分くらいの長さだっ
たよね。つまり、4分音符の半分ってことだね。

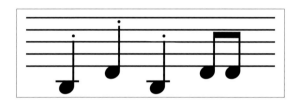

ちょっと待って。4分音符の半分ってことな
ら、**8分音符と8分休符でも表現できそうだ！**

8分音符と8分休符で表現するとこのように
なるよ！
この部分は、時計の針が動く音を表現してい
るよ。自分なりの解釈で、時計の針の音を表
現してみてね！

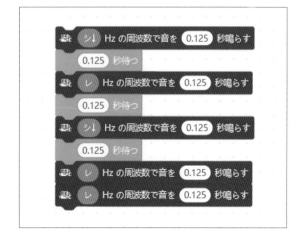

◆ 完成図

プログラム1

- ▶ が押されたとき
- レ Hz の周波数で音を 0.25 秒鳴らす
- ソ Hz の周波数で音を 0.25 秒鳴らす
- ファ# Hz の周波数で音を 0.125 秒鳴らす
- ソ Hz の周波数で音を 0.125 秒鳴らす
- ラ Hz の周波数で音を 0.25 秒鳴らす
- ラ Hz の周波数で音を 0.125 秒鳴らす
- ラ Hz の周波数で音を 0.125 秒鳴らす
- シ Hz の周波数で音を 0.125 秒鳴らす
- ソ Hz の周波数で音を 0.125 秒鳴らす
- ド↑ Hz の周波数で音を 0.125 秒鳴らす
- シ Hz の周波数で音を 0.125 秒鳴らす
- ミ Hz の周波数で音を 0.25 秒鳴らす
- ラ Hz の周波数で音を 0.125 秒鳴らす
- ラ Hz の周波数で音を 0.125 秒鳴らす
- ソ Hz の周波数で音を 0.25 秒鳴らす
- ソ Hz の周波数で音を 0.125 秒鳴らす
- ソ Hz の周波数で音を 0.125 秒鳴らす
- ファ# Hz の周波数で音を 0.25 秒鳴らす
- ミ Hz の周波数で音を 0.125 秒鳴らす
- ファ# Hz の周波数で音を 0.125 秒鳴らす
- ソ Hz の周波数で音を 0.5 秒鳴らす
- 0.25 秒待つ
- レ Hz の周波数で音を 0.125 秒鳴らす
- レ Hz の周波数で音を 0.125 秒鳴らす
- ソ Hz の周波数で音を 0.25 秒鳴らす
- ファ# Hz の周波数で音を 0.125 秒鳴らす
- ソ Hz の周波数で音を 0.125 秒鳴らす
- ラ Hz の周波数で音を 0.25 秒鳴らす
- ラ Hz の周波数で音を 0.125 秒鳴らす
- ラ Hz の周波数で音を 0.125 秒鳴らす
- シ Hz の周波数で音を 0.25 秒鳴らす
- ド↑ Hz の周波数で音を 0.125 秒鳴らす
- シ Hz の周波数で音を 0.125 秒鳴らす
- ミ Hz の周波数で音を 0.25 秒鳴らす
- ラ Hz の周波数で音を 0.125 秒鳴らす
- ラ Hz の周波数で音を 0.125 秒鳴らす
- ソ Hz の周波数で音を 0.25 秒鳴らす
- ソ Hz の周波数で音を 0.125 秒鳴らす

- ファ# Hz の周波数で音を 0.25 秒鳴らす
- ミ Hz の周波数で音を 0.125 秒鳴らす
- ファ# Hz の周波数で音を 0.125 秒鳴らす
- ソ Hz の周波数で音を 0.5 秒鳴らす
- 0.25 秒待つ
- ソ Hz の周波数で音を 0.125 秒鳴らす
- シ Hz の周波数で音を 0.125 秒鳴らす
- レ↑ Hz の周波数で音を 0.25 秒鳴らす
- シ Hz の周波数で音を 0.125 秒鳴らす
- ラ Hz の周波数で音を 0.125 秒鳴らす
- ソ Hz の周波数で音を 0.25 秒鳴らす
- ファ# Hz の周波数で音を 0.125 秒鳴らす
- ソ Hz の周波数で音を 0.125 秒鳴らす
- ラ Hz の周波数で音を 0.125 秒鳴らす
- シ Hz の周波数で音を 0.125 秒鳴らす
- ファ# Hz の周波数で音を 0.125 秒鳴らす
- ミ Hz の周波数で音を 0.125 秒鳴らす
- レ Hz の周波数で音を 0.25 秒鳴らす
- ソ Hz の周波数で音を 0.125 秒鳴らす
- シ Hz の周波数で音を 0.125 秒鳴らす
- レ↑ Hz の周波数で音を 0.25 秒鳴らす
- シ Hz の周波数で音を 0.125 秒鳴らす
- ラ Hz の周波数で音を 0.125 秒鳴らす
- ソ Hz の周波数で音を 0.25 秒鳴らす
- ファ# Hz の周波数で音を 0.125 秒鳴らす
- ソ Hz の周波数で音を 0.125 秒鳴らす
- ラ Hz の周波数で音を 0.75 秒鳴らす
- 0.125 秒待つ
- レ Hz の周波数で音を 0.125 秒鳴らす
- ソ Hz の周波数で音を 0.125 秒鳴らす
- ソ Hz の周波数で音を 0.125 秒鳴らす
- 0.25 秒待つ
- ラ Hz の周波数で音を 0.25 秒鳴らす
- 0.25 秒待つ
- シ Hz の周波数で音を 0.125 秒鳴らす
- シ Hz の周波数で音を 0.125 秒鳴らす
- ド↑ Hz の周波数で音を 0.125 秒鳴らす
- シ Hz の周波数で音を 0.125 秒鳴らす
- ミ Hz の周波数で音を 0.25 秒鳴らす

- ラ Hz の周波数で音を 0.125 秒鳴らす
- ラ Hz の周波数で音を 0.125 秒鳴らす
- ソ Hz の周波数で音を 0.5 秒鳴らす
- ファ# Hz の周波数で音を 0.5 秒鳴らす
- ソ Hz の周波数で音を 0.5 秒鳴らす
- 0.25 秒待つ
- レ Hz の周波数で音を 0.125 秒鳴らす
- レ Hz の周波数で音を 0.125 秒鳴らす
- レ Hz の周波数で音を 0.25 秒鳴らす
- レ Hz の周波数で音を 0.125 秒鳴らす
- ミ Hz の周波数で音を 0.125 秒鳴らす
- レ Hz の周波数で音を 0.125 秒鳴らす
- レ Hz の周波数で音を 0.25 秒鳴らす
- シ↓ Hz の周波数で音を 0.125 秒鳴らす
- 0.125 秒待つ
- レ Hz の周波数で音を 0.125 秒鳴らす
- 0.125 秒待つ
- シ↓ Hz の周波数で音を 0.125 秒鳴らす
- 0.125 秒待つ
- レ Hz の周波数で音を 0.125 秒鳴らす
- レ Hz の周波数で音を 0.125 秒鳴らす
- ソ Hz の周波数で音を 0.25 秒鳴らす
- レ Hz の周波数で音を 0.125 秒鳴らす
- ミ Hz の周波数で音を 0.25 秒鳴らす
- レ Hz の周波数で音を 0.125 秒鳴らす
- レ Hz の周波数で音を 0.125 秒鳴らす
- シ↓ Hz の周波数で音を 0.125 秒鳴らす
- 0.125 秒待つ
- レ Hz の周波数で音を 0.125 秒鳴らす
- 0.125 秒待つ
- シ↓ Hz の周波数で音を 0.125 秒鳴らす
- 0.125 秒待つ
- レ Hz の周波数で音を 0.125 秒鳴らす
- ソ Hz の周波数で音を 0.125 秒鳴らす
- ソ Hz の周波数で音を 0.125 秒鳴らす
- 0.25 秒待つ

これはすごい大作だ！
1フレーズごとや、小節ごとに確認しながらチャレンジしてね。
みんなで手分けして作るのも楽しいよ！

緑色の旗をクリックしてうまくうたえたら、「ファイル」→「コンピュータに保存」の順にクリックして、プロジェクトを保存しよう！

できなかったら確認しよう

1. パソコンの性能によってリズムがくるうから、あまりほかのソフトウェアを起動しないほうがいいよ。何度かくり返して再生すると安定することもあるよ。
2. 音符の長さの設定が間違っていないか確認してね。

チャレンジ

1. 自分の踊りたくなるようなリズムを作ってループさせてみよう。
2. 自分の好きな曲の楽譜を見ながら、プログラムで曲を作ってみよう。
3. いろいろな楽器と、コンピューターで作る曲の違いを話してみよう。

mBot を
光らせてみよう

15 mBot の LED ライトを 光らせよう

ここでは、mBot についている、センサーやパーツの動きを確認していくよ。どんな機能が、どのように動いているかを知り、新しい使いかたを見つけてみてね！

ロボットでどんなことができるの？

みんなは体育の授業は好きかな？

私たちは五感や筋肉を使って、運動したりすることができるよね。

ロボットにもそんな機能がたくさんあるよ。

どんな使いかたができるか、想像しながら見ていこう！

LED ライトを光らせよう！

まずはじめに、mBot のケースを外して、mBot の基板（mCore）の前のほうについている、LED ライトを確認するよ。

「RGB LED Right」、「RGB LED Left」の表示を見つけられるかな？

mBot の正面側を向いたときの、右が LED Right で、左が LED Left だよ。

パーツやセンサーの確認をしたら、LED ライトの光が強いから、ケースをつけてプログラミングしてね！

mBot の正面側

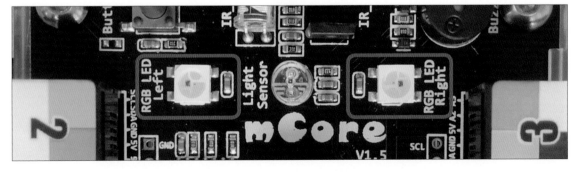

LEDライトは、光の三原色（RGB）を混ぜてさまざまな色を作ることができるんだ。
Rはレッド（赤）、Gはグリーン（緑）、Bはブルー（青）のことだよ！
実は、光は電磁波の一種なんだ！　そして、私たちの見ている色はその波の長さ、つまり波長の違いで変わって見えているんだよ。
電磁波には私たちの目に見えるものと見えないものがある。見えるものを、「可視光線」というよ！

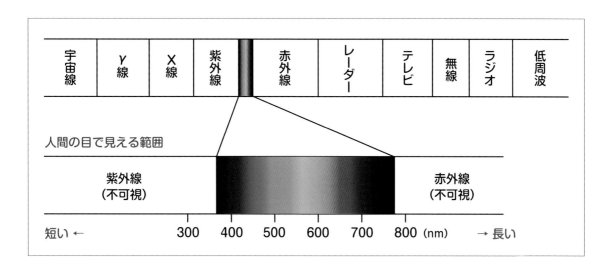

もう少し詳しく説明するね。
赤外線とか紫外線って聞いたことあるかな？
mBotにも赤外線リモコンがついている。
赤外線は、人間の目には見えない長い波長だ！　もっと長い波長になると電子レンジやラジオなどの電波になるよ。

紫外線も、人間の目には見えない短い波長だ！　夏になると日焼けするよね！　これは紫外線によって起きる現象だよ。もっと短い波長になるとレントゲンなどに使われるX線など、強いエネルギーの電波になるよ。

まずは、プログラムを実行するためのきっかけを作ってあげよう。
「ファイル」→「新規」の順にクリックし、mBotと接続して、新しくプログラムを作ろう！
イベントパレットを開いてみて！
基本的な動きを確認するときには、「緑色の旗が押されたとき」ブロックを使うよ。

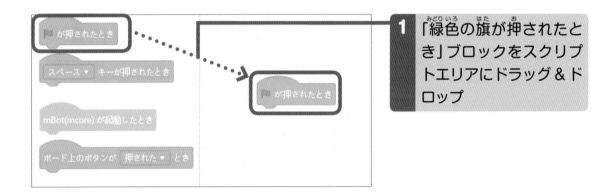

1　「緑色の旗が押されたとき」ブロックをスクリプトエリアにドラッグ＆ドロップ

次に、ライト・ブザーパレットのなかの、「ボード上の○○の LED を赤○○緑○○青○○で点灯する」ブロックを使うよ！
このブロックは、赤色、緑色、青色、各色 0 ～ 255 までの色があって、計 256 色を設定できるんだ！
3 つの色すべてを、最大値 255 に設定すると色が白になるよ！
絵具は、いろんな色を混ぜると黒くなるよね。**光はいろんな色を混ぜると白になるんだ！**

「全て」が、LED Right と LED Left の両方、「右」が LED Right、「左」が LED Left を意味するよ。また、プログラムでは、「0」も 1 つの数字（値）として存在するよ！ だから 0 ～ 255 で、256 通りの数値になる。

全部で、なんと 256 × 256 × 256 ＝ 16,777,216 通りの色を表現できるよ！　すごい色数だね！
色の数値を変更して、色がどのように変わるかを見てみよう！

2 「緑色の旗が押されたとき」ブロックと「ボード上の○○の LED を赤○○緑○○青○○で点灯する」ブロックをくっつける

ブロックどうしがくっついたら、緑色の旗をクリックしてね！
ちゃんと光ったかな？

うまくできたら、「ファイル」→「コンピュータに保存」の順にクリックして、プロジェクトを
保存しておこうね。

できなかったら確認しよう

うまく動かないときは、次の問題があるかもしれないよ。確かめてみよう。

1. mBlock と mBot が接続されていない（P.47 参照）。
2. 電池ホルダーに電池が入っていないか、電池が消耗している。
3. パワースイッチがオンになっていない。

チャレンジ

1. 黄色く光らせてみよう。
2. 茶色は作れるかな？

16 mBot のお気に入りの色を定義しよう

ここでは、mBot のボード (mCore) についている LED ライトを使って、色をあやつってみるよ。色のしくみを理解して、光の魔術師になろう！

mBot を光らせるしくみって？

みんなは光と聞いたら何を思い出すかな？
「お日様の光」「外灯の光」「クリスマスツリーのランプ」……私たちの身の回りにはたくさんの光があるよね！
光のしくみを理解して、mBot を使ってお部屋をすてきな色でにぎやかにしてみよう！

mBlock でお気に入りの色を定義しよう

LED ライトについては、P.102 で確認したね。
そのとき作ったプログラムをおさらいしてみよう！

このプログラムでは「ボード上の〇〇の LED を赤〇〇緑〇〇青〇〇で点灯する」ブロックを使って、RGB（赤緑青）にそれぞれ数値を設定したけど、自分のお気に入りの色や、設定をした色は取っておきたいよね。そんなときは、**自分で定義したブロックを作る**と便利だよ！
「定義」するっていうのは、複数の細かい指示をまとめたものに名前をつけて、次からその名前でかんたんに使えるようにすることだよ。mBlock に一度定義を教えれば、その名前のブロックだけでできるようになるよ。

※ RGB のしくみを知りたいときは P.114 を見てみよう。

「定義」ブロックは、好きな名前をつけて作り出すことができるよ。まずはじめに、「赤」という名前で、定義ブロックを作って、LED を赤色にする方法を教えてみよう！

やってみよう

「ファイル」→「新規」の順にクリックし、mBotと接続して、新しくプログラムを作ろう！

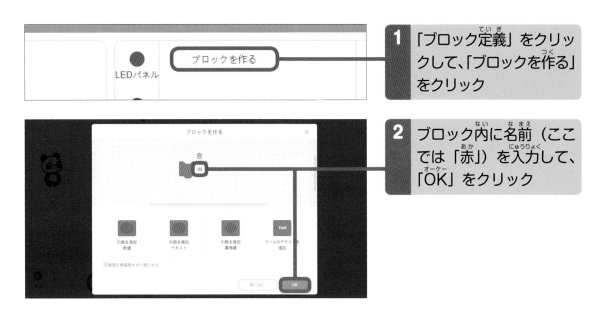

1 「ブロック定義」をクリックして、「ブロックを作る」をクリック

2 ブロック内に名前（ここでは「赤」）を入力して、「OK」をクリック

そうすると、右側のスクリプトエリアに「定義 赤」と書かれたブロックが表示されるよ。
このブロックの下にその方法を作っていくんだ！

赤くする方法なので、「ボード上の〇〇のLEDを赤〇〇緑〇〇青〇〇で点灯する」ブロックの赤の設定を最大値の「255」、緑と青を「0」にするよ。これで「定義」はOK！

3 「赤」の数値に「255」と入力

それでは P.114 を参考にして、「赤」「緑」「青」「赤紫」「黄」「青緑」の色を定義してみよう！
こうしておけば、次から使いたい色をすぐに見つけられるね！
できたら、「ファイル」→「コンピュータに保存」の順にクリックして、プロジェクトを保存しようね。

107

17 mBot をいろいろに 光らせてみよう

mBot の LED ライトは、ただ光らせるだけじゃなくて、色を変えたり、左右交互に点灯させたりなど、プログラム次第でさまざまなことができるよ!

色をずっと変えよう

赤や青、緑などの色を定義できたら、次は mBot の LED ライトをいろいろな色に変えてみよう!
保存したファイルを読み込む場合は、「ファイル」→「コンピュータから開く」の順にクリックして、
ファイルを選んでから「開く」をクリックしてね!

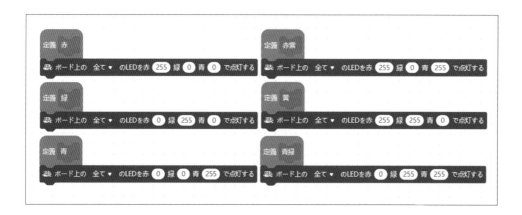

LED ライトの色を変えるには、「緑色の旗が押されたとき」
ブロックとそれぞれの色の定義ブロックを何個かくっつけ
るだけで OK だ! やってみよう! それぞれの色の定義
ブロックは、ブロック定義パレットから持ってきてね。
たとえば、こんな感じでいけそうかな? でも、緑色の旗
をクリックして実行すると、一瞬光るだけで終わっちゃう
ね。ずっと色を変えながら光らせるには、どうしたらいい
かな?

やってみよう

LEDライトをずっと光らせるには、**プログラムの実行が終わってしまわないように、くり返し実行すればいい！** そういうときは、制御パレットの「ずっと」ブロックを使おう！こんな感じ！ もう一度、緑色の旗をクリックするとどうかな？
ずっと色が変わり続けるようになったけど、切り替わりが早くて目がチカチカするよね。
じゃあ、色が変わるときにちょっと待って間隔をあけてみたらどうかな？

間隔をあけるときに使うのは、「○○秒待つ」ブロックだ！
それぞれの定義ブロックの間にうまく入れてみよう！

どうかな？
なんとなくうまくいってそうだけど、最後の色が光ったら、すぐに最初の色に変わってる？
このくり返しの最後まで行くと、すぐ最初に戻ってしまうので、**最後にも「○○秒待つ」ブロックが必要**だよ！

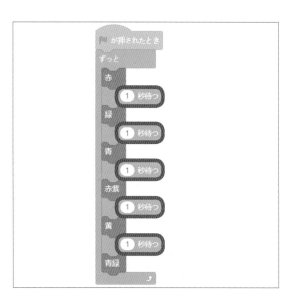

これで問題ないね！ 待つ秒数や定義の色の数値を変更して、点滅のパターンや色がどのように変わるかを見てみよう！ うまくできたら、「ファイル」→「コンピュータに保存」の順にクリックして、プロジェクトを新しい名前をつけて保存しようね。

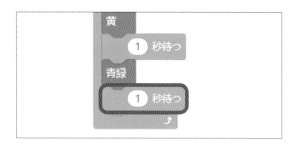

109

左右交互に点滅させよう

左右のLEDライトを交互につけたり消したりするにはどうしたら
いいかな？　そうだ！　右のように、色を定義したブロックの下に、
左右のLEDライトをそれぞれ消すためのブロックを交互に入れて
あげるとうまく点滅するね！　左のLEDライトを消灯する定義と、
右のLEDライトを消灯する定義を新しいブロックで作ろう。

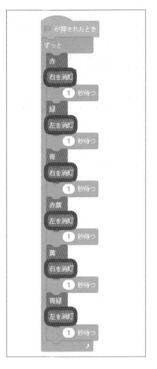

あるいは、下のように定義を左右に分けてもいいかもね！　この場
合は、左右交互に色が変わる動きになるよ！　両方試して違いを見
てみよう。

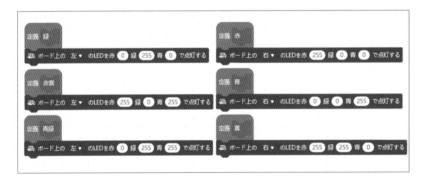

できたら、「ファイル」→「コンピュータに保存」の順にクリックして保存しようね。

だんだん暗くなるようにしよう

色がだんだん消えていくようにするには、色の数値を変更しないとね！　数値を変更するのは、
変数ブロックだ！　「ファイル」→「新規」の順にクリックし、mBotを接続してやってみよう！

P.90を参考に「赤」という名前
の変数ブロックを作成

この変数を使って、色の明るさを定義してみよう。
まずは最初に赤く明るく光っていてほしいから、「(赤) を (255) にする」ブロックを、「定義 赤」ブロックにくっつけてみよう。

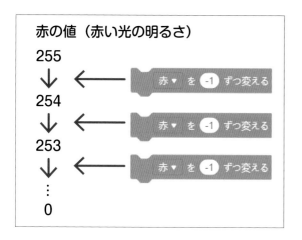

これで赤（赤い光）を 255 と定義できた！この 255 という数字が小さくなっていけばいくほど、光も暗くなっていく。**少しずつ光を暗くしていくには、この数字を少しずつ小さくしていけばいいよね！** そこで「(赤) を (-1) ずつ変える」ブロックを使えば、だんだん数字が小さくなっていくんだ。

ここでは最後に消したいので、**赤の数値が「0」になるまでくり返してみるよ。**「○○まで繰り返す」ブロックと、比較演算ブロックの「○＝○」ブロック、変数の「赤」の値ブロックを使おう！

これらを赤の値が「0」までくり返すようになるように、くっつけよう。

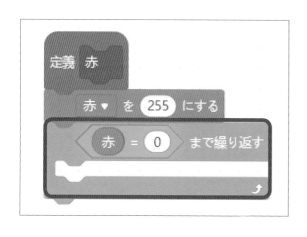

ここまでできたら、LED の赤の明るさ
を変数で変えられるように、右のブロ
ックを用意するよ。赤の数値には変数の
「赤」の値ブロックを入れてね！

この LED のブロックと「(赤) を (-1)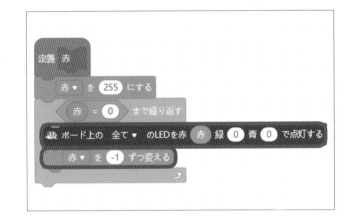
ずつ変える」ブロックをくっつけて、
「<赤＝0 >まで繰り返す」ブロック
のなかに入れてね！

この定義を呼び出すプログラムは右の
ようになるよ！
緑色の旗をクリックしてみよう！

ちゃんと赤の LED ライトがだんだん暗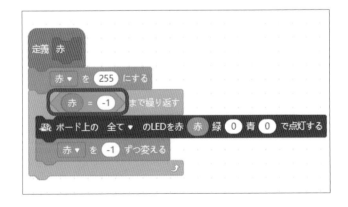
くなっていくかな？　よく見ると、最
後に少しだけ赤い光が残っているね。
「<赤＝0 >まで繰り返す」だと、LED
ライトの色を0にする前に、くり返し
が終わってしまってるね。完全に消す
には、<赤＝ -1 >にしないとだめだ！
ここまでできれば、あとは自分で自由
自在に LED ライトの光をコントロー
ルできるよ！
ブザーの音楽と LED ライトを組みあわせると、リズムが見えておもしろいよ！
「ファイル」→「コンピュータに保存」の順にクリックして、保存しようね。

音階といっしょに LED ライトを光らせよう

12 音階にそれぞれ色を指定してもいいね！　下はオクラホマミキサーという曲といっしょに LED ライトが光るプログラムだよ！　「ファイル」→「新規」の順にクリックし、mBot を接続して挑戦してみよう。P.90 を参考に変数で音を設定しよう。音階用の変数に数値が設定される前に演奏が始まるとちゃんと演奏できないので、処理が終わってから演奏するようにしよう。イベントパレットの「（メッセージ 1）を送る」「（メッセージ 1）を受け取ったとき」ブロックを使うよ。

緑色の旗をクリックしてうまく演奏できたら、「ファイル」→「コンピュータに保存」の順にクリックして、プロジェクトを保存しようね。

RGB のしくみ

RGB のしくみは、こんな感じになっているんだ！

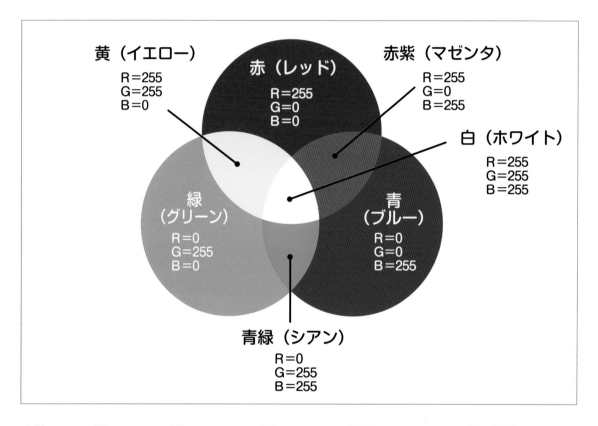

基本となる、赤（レッド）、緑（グリーン）、青（ブルー）を調整してさまざまな色を表現できるよ。赤と緑の光が混ざると黄（イエロー）。緑と青が混ざると青緑（シアン）。青と赤が混ざると赤紫（マゼンタ）。赤緑青すべてが混ざると白（ホワイト）になるよ。光は色を混ぜるほど明るくなってだんだん白くなるんだ。

P.105 のチャレンジにあった、茶色は作れたかな？　テレビやスマートフォンなどのディスプレイには、この赤緑青の三原色が使われているよ。

チャレンジ

1. 自分の踊りたくなるようなリズムで LED ライトを光らせてみよう。
2. 光りながら mBot を走らせて踊る動きをつけてみよう。

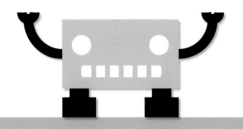

第 8 章

光センサーを
使ってみよう

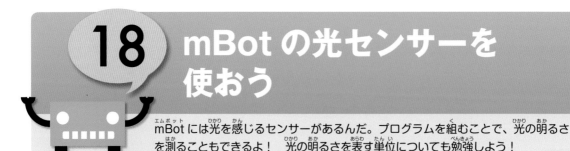

mBot には光を感じるセンサーがあるんだ。プログラムを組むことで、光の明るさを測ることもできるよ！　光の明るさを表す単位についても勉強しよう！

光の明るさを表す単位を知ろう

まずは mBot のケースを外して、LED ライトの間にある光センサーを確認するよ。「Light Sensor」の表示を見つけられるかな？

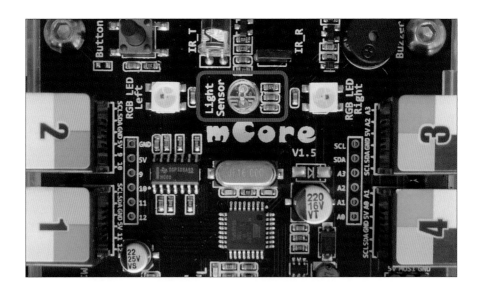

確認できたら、ケースをもとに戻そうね。
光センサーは、明るさ（照度）を測ることができるセンサーだよ。
0 〜 1023 の値で、明るさを感知することができるよ。

太陽の明かりで目が覚める子もいたかな？　朝の日が差し込む部屋はどれくらいの明るさかな？
私たち人間も、視覚で明るさを感じているよね！
mBot を使って、いろいろな場所の明かりのデータを集めてみよう！

「ファイル」→「新規」の順にクリックし、mBotと接続して、新しくプログラムを作ろう！まずはmBotのブロックパレットに切り替えてね。きっかけは「緑色の旗が押されたとき」ブロックだ！　センサーパレットから「光センサー〇〇の値」ブロックを見つけてね。

次は、「光センサーの値」という名前の変数を作ろう（P.90参照）。作った変数の値に「光センサー〇〇の値」ブロックを入れるよ。ステージ上の変数ボックスに、数値が表示されたかな？mBotをいろんな場所へ動かして、数値がどのように変わるか確かめてみよう。今回は、明るさをスプライトの吹き出しのなかに表示したいから、「（メッセージ1）を送る」ブロックも忘れないでね。

1 「緑色の旗が押されたとき」ブロックに、「〇〇を（光センサー〇〇の値）にする」ブロックと「（メッセージ1）を送る」ブロックをくっつける

次はパンダのプログラムを作っていくよ。パンダのブロックパレットに切り替えて、見た目パレットの「〇〇と言う」ブロックを使おう。この〇〇（こんにちは！）の部分に、mBotのプログラムで作った変数「光センサーの値」ブロックを入れるよ！

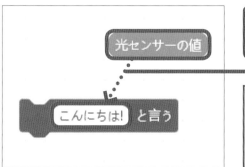

2 「光センサーの値」ブロックを、〇〇（こんにちは！）の部分にドラッグ＆ドロップ

（こんにちは！）の部分に近づけると白い目印が表示されるので、マウスのボタンを指から離します。

合体できたら、「（メッセージ1）を受け取ったとき」ブロックにくっつけてね！

ちゃんと動くかチェックしてみよう！　緑色の旗をクリックするたび、パンダの数字が変わるかな？　でも、このプログラムだと、1回しか動作を行わないよ。これだと、毎回緑色の旗をクリックするのが大変じゃない？

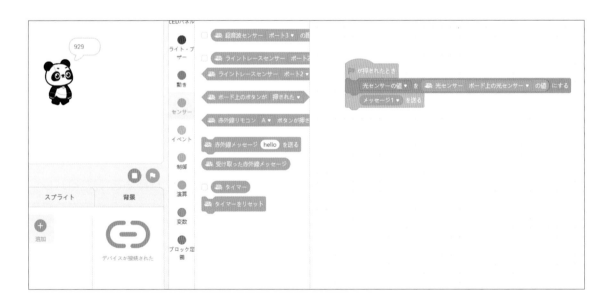

ずっと明るさのデータを取ってきてほしいよね！　ずっとデータを取ってきたいときは、制御パレットの「ずっと」ブロックを使うよ。これがプログラムのくり返しだ！　mBotのブロックパレットに切り替えて、このブロックにさっきのブロックを挟んでみよう！

4 「ずっと」ブロックを組みあわせる

もう一度緑色の旗をクリックしてみよう。今度はパンダがずっと明るさのデータを教えてくれてるかな？
常に数字が変わっていることで、明るさは一定ではないのがわかるよね。
できたら、「ファイル」→「コンピュータに保存」の順にクリックして、プロジェクトを保存しておこうね。

できなかったら確認しよう

うまく動かないときは、次の問題があるかもしれないよ。確かめてみよう。

1. mBlock が mBot に接続されていない（P.50 参照）。
2. 電池ホルダーに電池が入っていないか、電池が消耗している。
3. パワースイッチがオンになっていない。
4. 「光センサー○○の値」と違うブロックになっている。

チャレンジ

1. センサーをいろいろな場所に持っていって、明るさのデータを調べてみよう。
2. レンズや鏡などいろんな方法で光を集めて、明るさのデータの変化を確認してみよう（絶対に太陽の光をレンズで集めないように！ やけどしたり火事になったりするかもしれない）。

19 光センサーとパーツを組みあわせてみよう

光センサーとパーツを組みあわせることで、mBot の可能性はさらに広がるよ！
光の明るさがわかるセンサーになったり、電子楽器になることだってできるんだ！
mBlock でさまざまなプログラムを作ってみよう！

朝がきて明るくなったらブザーが鳴るしくみ

目覚まし時計は、時間を知らせてくれるけど、日の出は知らせてくれないね。
朝に自分の部屋がどれくらいの明るさになるかを調べて、明るくなったら mBot が音で教えてくれる装置を作ろう！　P.116 でやったけど、光センサーは 0 〜 1023 の値で明るさを感知するよ！
「ファイル」→「新規」の順にクリックし、mBot と接続して、やってみよう！

そのためには、光センサーとブザーが使えそうだね！　これらを使って明るくなったらブザーが鳴るプログラムを組んでみよう！　使うブロックはこれだ。

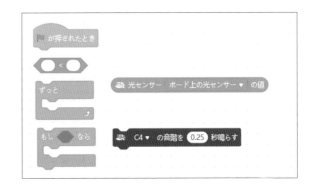

ずっと明るさを確認しておきたいので、くり返しの「ずっと」ブロックで、ほかのブロック全体を囲むよ。
もし光センサーの値が、自分の部屋の朝日が差し込んだ時の数値（ここでは 400 に設定）を超えたら、ブザーが鳴るよ。この数値は、実際に調べてから変えてね。

データを数字だけで見ていると、なんとなく変化しているイメージがつかみづらい。そんなときは、ペンパレット（P.66 参照）の「ペンを下ろす」ブロックを使って、**ステージにグラフを描いてみよう！**

◆ パンダの画面で

パンダのスプライトがステージにあると、ペンで描いた線を隠してしまうのでパンダのサイズを小さくするよ！　パンダのブロックパレットに切り替え、サイズをいちばん小さい「7」にするよ。

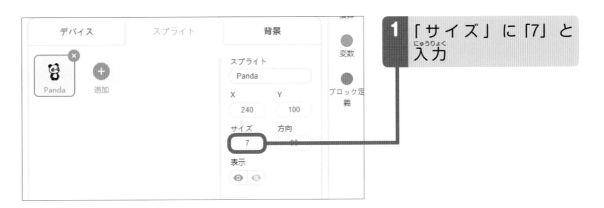

1 「サイズ」に「7」と入力

◆ mBot の画面で

次に、mBot と接続して、mBot のプログラムを作ろう！
mBot のブロックパレットに切り替えて、「緑色の旗が押されたとき」ブロックを用意するよ。P.90 を参考に「明るさ」という名前の変数を作って、「ずっと」ブロックと「光センサー〇〇の値」ブロック、「(メッセージ1) を送る」ブロックとを組みあわせてね！

光センサーの値を、「明るさ」の変数に入れて、ずっとパンダのスプライトにメッセージで送るよ！

◆ パンダの画面で

できたらパンダのブロックパレットに切り替え
て、「(メッセージ1) を受け取ったとき」ブロッ
クを用意しよう。動きパレットから「x座標を○○、
y座標を○○にする」ブロックを見つけたら、左
から右に向かってグラフが描かれるように、xに
「-240」、yに「0」を入力してね！

ペンパレットの「すべて消去」ブロックと「ペン
を下ろす」ブロックも忘れないでね。

「緑色の旗が押されたとき」ブロックに左のように
つなげて、グラフを描く最初の座標を決めて、画
面上に描かれたものを消すようにしよう。

プログラムとその実行結果はこんな感じ。ここでは、明るさの値の変化をグラフに描いているよ。
横の動きは時間の経過を表し、縦の動きは光の明るさを表すよ。明るさの値は10分の1にして、
画面からはみ出さないようにしているよ。

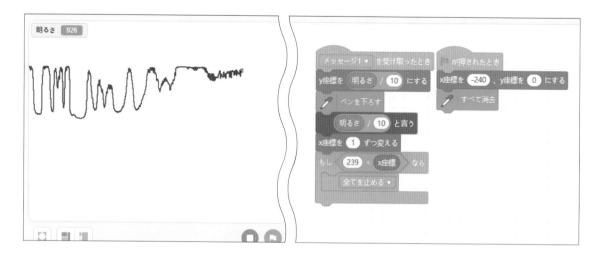

できたら、緑色の旗をクリックしよう！　画面にグラフが描けたかな？　みんなもいろいろなセ
ンサーのデータを、目で見えるようにしてみてね！

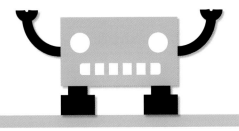

第 9 章

超音波センサーを使って
障害物回避をさせてみよう

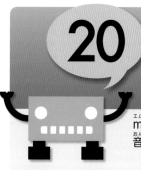

20 超音波センサーを使おう

mBotの「目」のように見えるのは、超音波センサーだ！ mBotはどのように超音波を使っているんだろう？ 超音波センサーのしくみから学んでみよう！

超音波センサーのしくみを知ろう

超音波センサーを確認するよ。
mBotの目になっているのが超音波センサーだよ！
超音波ってみんな知ってるかな？
コウモリがこの超音波を出して、空を飛ぶときにものを避けているよ。

向かって左の目（mBotの右目）には「T」、向かって右の目（mBotの左目）には「R」って書いてあるのがわかるかな？
Tはトランスミッター（Transmitter）の「T」だよ。トランスミッターは送信機って意味だよ！
Rはレシーバー（Receiver）の「R」だよ。レシーバーは受信機って意味だ！

mBotの右目の送信機から、超音波を出しているよ！
超音波が何かに跳ね返ってきたら、mBotの左目の受信機で受け取っているんだ。音速は常温で約340m／秒だから、送信してから受信するまでの時間を計れば距離がわかるね。取ってきているデータの単位は、「cm」（センチメートル）だよ！ この単位はわかるね！ でも、このセンサーは誤差が大きいから、大体の値だね。なお、超音波センサーの測定範囲は3cm 〜 4mだよ。

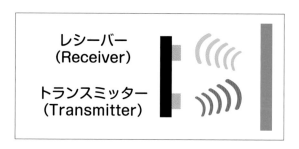

レシーバー
(Receiver)

トランスミッター
(Transmitter)

やってみよう

「ファイル」→「新規」の順にクリックし、mBot と接続して、新しくプログラムを作ろう！
まず、「緑色の旗が押されたとき」ブロックを用意しよう。

次に、超音波センサーが調べた値を入れておく変数を用意するよ。P.90 を参考に「超音波センサーの値」という名前の変数を作ってね。変数パレットの「(超音波センサーの値)を○○にする」ブロックと、センサーパレットの「超音波センサー（ポート3）の値（cm）」ブロックを組みあわせよう。調べた値をスプライトに言わせるために、イベントパレットの「(メッセージ1)を送る」ブロックをつなげよう。そして変数を常に最新のセンサーの値にするため、「ずっと」ブロックと組みあわせてね！

できたらパンダのブロックパレットに切り替えよう。見た目パレットの「○○と言う」ブロックと、変数「超音波センサーの値」ブロックを組みあわせて、イベントパレットの「(メッセージ1)を受け取ったとき」ブロックにつなげよう。

緑色の旗をクリックすると、超音波センサーの取ってきたデータを確認できるかな？　手をかざして、ちゃんと距離を測れるか確認してみよう！
できたら、「ファイル」→「コンピュータに保存」の順にクリックして、プロジェクトを保存しておこうね。

チャレンジ

1. 天井までの高さを調べてみよう。
2. 定規を使って、センサーのどの位置からのデータを取ってきているかを確認しよう。
3. やわらかい布などに向けたらどうなるか調べてみよう。距離をちゃんと測れるかな？　もし、測れないとしたらなぜだろう。

21 障害物があったら 止まるようにしよう

P.124で確認したように、超音波センサーは人には聞こえない音を出して、その跳ね返ってきた時間から距離を判断するよ。このセンサーの特徴を理解して、自動ブレーキで障害物を回避するmBotにしてみよう。

安全な車のしくみって？

みんなは交通ルールを守ってるかな？ 赤信号で道を渡ったりしたら危ないよ！
でもボール遊びをしていて、道にボールが転がってしまったとき、追いかけて道に飛び出しちゃうことがあるかな？ とっさに人が道に出てきても、車を運転している人はすぐにブレーキはかけられないよ！ もしものとき、自動的にブレーキがかかったらいいよね。そんなしくみの安全な車を考えてみよう。

超音波センサーのしくみから考えよう

まずは超音波センサーのしくみを思い出してみよう。
mBotについている、目みたいなものが超音波センサーだよ。超音波センサーでは、前にあるものとの距離を測れたよね。P.124をもう一度確認してね。

超音波センサーの数値が小さいということは、mBotの目の前に何かがあるってことだったよね！
障害物があったら、mBotが止まるようにしてみよう！
「ファイル」→「新規」の順にクリックし、mBotと接続して、やってみよう！ まず、きっかけとなる「緑色の旗が押されたとき」ブロックを用意して、「ずっと」ブロックで、超音波のデータをくり返し受け取ろう！

mBot と目の前のものとの距離を測って近かったら止まるようにするよ。

P.125 のプロジェクトと同じように、今回も変数を使って、mBot が止まるときの条件を設定してみよう！

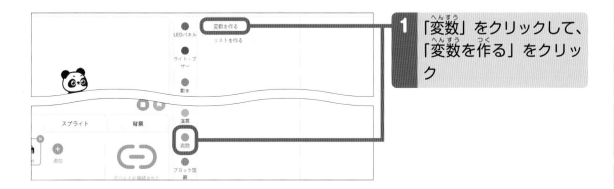

1 「変数」をクリックして、「変数を作る」をクリック

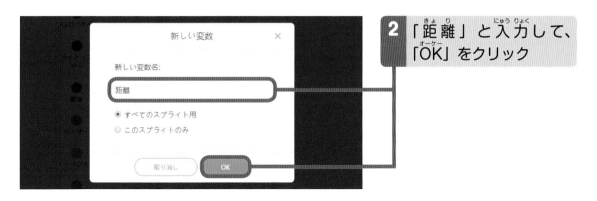

2 「距離」と入力して、「OK」をクリック

名前をつけたら、新しいブロックができるよ。

「距離を（0）にする」ブロックを使って、「0」のところに、「超音波センサー（ポート3）の値（cm）」ブロックを入れてみよう。

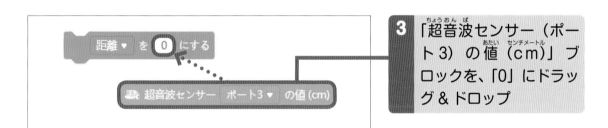

3 「超音波センサー（ポート3）の値（cm）」ブロックを、「0」にドラッグ＆ドロップ

次に「もし○○なら　でなければ」ブロックを使って、mBot の前進
を止めるプログラムを作るよ。

演算パレットから、「○<○」ブロックを用意して、変数を作成した
ときにできた「距離」ブロックを、左辺に入れよう。右辺は「20」の
値を入れるよ。

これを「もし○○なら　でなければ」ブロックと組みあわせることで「超音波センサーの値が、
20 より小さくなったら」という条件ができるよね。単位は cm なので、20cm より小さくなっ
たらという意味だよ。

この条件に合っているときは、「0」% の速さになる。
つまり停止するよ。

そうでなければ、前向きに「50」% の速さで進む！

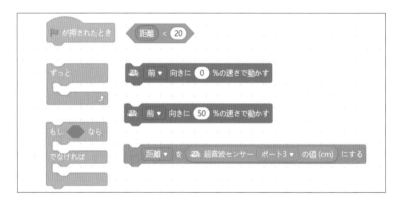

ここまでのブロックを一度整
理してみたよ。

128

それでは、すべてのブロックを組みあわせてみよう！　このプログラムを文章として読んでみると、何をやっているかよくわかるよ。

できたら、mBotから少し離れた場所に何か障害物を置いて、緑色の旗をクリックして実行してみよう。ちゃんと止まるかな。

速さの数値を変えたり、距離の数値を変えてみて！

スピードが出すぎると、設定した距離によっては、ぶつかってしまうね！

スピードの出しすぎは、危険だよ！　車はすぐには止まれない！

道路に飛び出してはいけないよ！

「ファイル」→「コンピュータに保存」の順にクリックして、プロジェクトを保存しておこうね。

第1章
第2章
第3章
第4章
第5章
第6章
第7章
第8章
第9章
第10章
第11章
第12章
付録

22 障害物をよけながら走らせよう

障害物があったら、mBotが止まるようになったかな？　でもこれだけだと、障害物は回避できないよね。障害物をよけるためには、障害物をよけさせるプログラムが必要だよ！

障害物をよけながら走るには？

ブレーキをかけることができたら、次は、mBotが障害物をよけながら走るしくみを考えてみよう！　保存したファイルを読み込む場合は、「ファイル」→「コンピュータから開く」の順にクリックして、ファイルを選んでから「開く」をクリックしてね！　たとえば、止まるブロックのかわりに、左に曲がるようにすればいいね。プログラムを変えてみよう！

緑色の旗をクリックして、動かしてみたらどうなるだろう？　このプログラムだといつも左に曲がるだけでおもしろくないね。障害物に近づくと、ランダムに右や左に曲がるしくみにしてみよう。

「乱数」を使ってみよう

そのために「乱数」を使うよ！　乱数ってちょっと難しそうだけど、そのときそのときで数が変わるってことだよ！
みんなはサイコロを知っているよね！
サイコロは振ると、毎回違う数が出るよね。これがまさに「乱数」だよ！

やってみよう

乱数を作りたいときはこのブロックを使うよ！　演算パレットにある、2つのブロックを組みあわせよう。

このブロックは、1と2の目しかないサイコロを振って、1の目が出たときに「はい」、そうでないときに「いいえ」を返すんだ。ふつうのサイコロの目は1から6までしかないけど、「○から○」の数字を変えれば、サイコロの目をいくらでも増やしたり、減らしたりすることができるよ！

このブロックを使ってランダムにmBotを左右によけるようにしてみよう！　「もし○○ならでなければ」ブロックと組みあわせて、1のときに右折、そうでないときに左折するようにするといいね。これをこれまでのブロックと合体させれば完成だ！　緑色の旗をクリックして、動きを確かめてみよう。

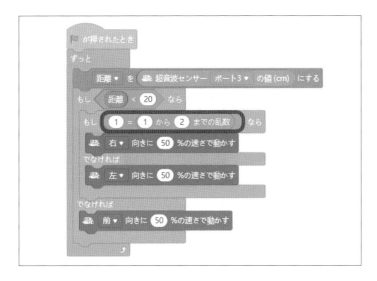

できたら、「ファイル」→「コンピュータに保存」の順にクリックして、プロジェクトを新しい名前をつけて保存しておこうね。

131

ブザーで危険を教えよう

障害物があったら、ブザーで危険を教えてあげよう！
「○○の音階を○○秒鳴らす」ブロックを組みあわせるよ！
「ファイル」→「新規」の順にクリックし、mBotと接続して、右のようにブロックを組みあわせてみよう！
緑色の旗をクリックしてうまくできたら、「ファイル」→「コンピュータに保存」の順にクリックして、プロジェクトを保存しておこうね。

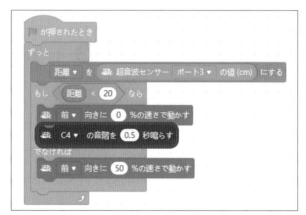

色で危険を知らせよう

障害物があって危険なときは赤、障害物がないときは緑のLEDランプが光るようにしてみよう！
「ボード上の○○のLEDを赤○○緑○○青○○で点灯する」ブロックを使ってみよう！
「ファイル」→「新規」の順にクリックし、mBotを接続して、右のようにブロックを組みあわせてみよう！
緑色の旗をクリックしてうまくできたら、「ファイル」→「コンピュータに保存」の順にクリックして保存しておこうね。

チャレンジ

1. 十字キーのコントロールと組みあわせて障害物をよけるようにしてみよう。
2. 障害物の距離と、速さの関係を調べてみよう。

23 超音波センサーと音を組みあわせてみよう

超音波センサーでは障害物までの距離がわかるよね。じゃあ、そこに音を鳴らすブロックを加えればどうだろう？　そう、空中で手を動かすだけでいろいろな音を鳴らすことができるようになるよ！

手の場所で音を変えてみよう

みんなは、テルミンって楽器を知っているかな？　1919 年にロシアの発明家テルミンが発明した、世界で最初の電子楽器だよ！　楽器に触れることなく、空中で手を動かすだけで音を奏でることができるんだ！　mBot では超音波センサーを使って、手を動かすだけでテルミンのように音を奏でられるよ。「ファイル」→「新規」の順にクリックし、mBot と接続して、新しくプログラムを作ろう！　使うブロックは、これだ！

まず、「○＜○」ブロックで、センサーと手との距離を、あらかじめ決めておいた値と比較するよ。もし距離がその値より小さければ、音を鳴らそう。ここでは、超音波センサーが測った値が、5 より小さいときに「ド（C4）」を鳴らしてみよう！

では、距離が、ある数と数との範囲内にあることを調べるには、どうすればいいだろう。このように、同時に 2 つの条件が満たされているかどうかを調べたいときは、「○○かつ○○」ブロックを使うよ。「5 ＜超音波センサー（ポート 3）の値（cm）　かつ　超音波センサー（ポート 3）の値（cm）＜ 10」と入れてみよう。

これを使って、超音波センサーが測った値が、5 より大きく、10 より小さいときに「レ（D4）」が鳴るようにしよう！

これにならって、ほかの音も設定してみよう！　完成したプログラムはこんな感じだ。

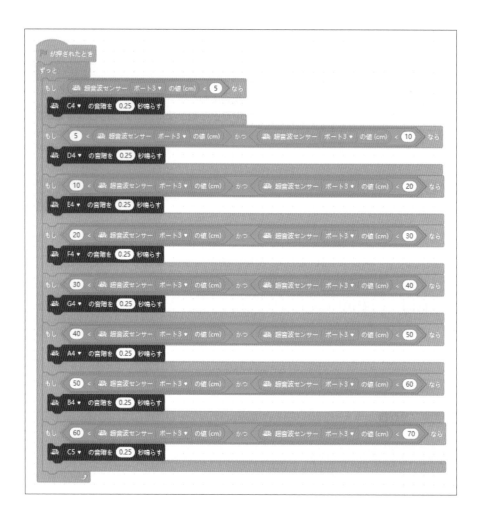

完成したら、緑色の旗をクリックして、超音波センサーの前に手をかざして演奏してみよう！
できたら、「ファイル」→「コンピュータに保存」の順にクリックして、プロジェクトを保存しようね。

チャレンジ
1. 距離を調整して、自分の演奏しやすい距離を見つけてみよう。

第10章

ライントレースセンサーを使って走りをコントロールしよう

24 ライントレースセンサーを使おう

ライントレースセンサーを使うと、mBot を自由に運転させたりすることができる（P.141 参照）。ライントレースセンサーのしくみを知って、ライントレースセンサーを使うプログラムを組んでみよう！

ライントレースセンサーのしくみを知ろう

mBot はライントレースができたよね。どうやって黒いラインの上を走れるのか、そのしくみを確認しよう。ライントレースセンサーを確認するよ。mBot の車体をひっくり返してみよう！ 「sensor1」、「sensor2」と書いてあるのが見つけられるかな？ 小さなプラスチックのレンズが左右に 2 つずつ、ついて

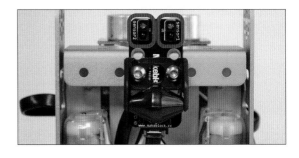

いるよね。上のレンズは赤外線 LED ライトで、下のレンズは赤外線フォトダイオードだよ。赤外線フォトダイオードは、赤外線を検知する働きをするんだ。

ライントレースセンサーのしくみは、こんな感じ。白い面に赤外線 LED ライトの赤外線をあてると、多くの赤外線が跳ね返るけど、黒い面に赤外線 LED ライトの赤外線をあてると、黒は赤外線が少ししか跳ね返らない。この赤外線が跳ね返る量を調べて、下にあるものが白か黒かを判断しているんだ。

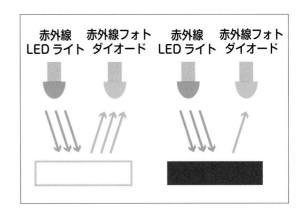

ところで、白は光を反射して、黒は反射しないみたいだよね。つまり、光を反射すると白く見えて、光を吸収すると黒く見えるということなんだ。

やってみよう

このセンサーはどんなデータを取ってきているかな？
「ファイル」→「新規」の順にクリックし、mBotと接続して、新しくプログラムを作ろう！
まずはmBotのプログラムから作っていくよ。mBotのブロックパレットに切り替えて、「緑色の旗が押されたとき」ブロックを用意しよう。
次に、ライントレースセンサーが調べた値を入れておく変数を用意するよ。P.90を参考に「ライントレースセンサーの値」という名前の変数を作ってね。「ライントレースセンサー○○の値」ブロックと組みあわせたら、イベントパレットから「（メッセージ1）を送る」ブロックを見つけてね。この変数を常に最新のセンサーの値にするため、「ずっと」ブロックと組みあわせよう！

できたらパンダのブロックパレットに切り替えよう。「○○と言う」ブロックに、mBotのプログラムで作った変数「ライントレースセンサーの値」を組みあわせて、「（メッセージ1）を受け取ったとき」ブロックにつなげるよ！
センサーに黒い紙と白い紙を近づけて、パンダの吹き出しの数字が変わるのを確認してね！

「0」「1」「2」「3」の値を取ってきているね！
これがセンサーの値だ！
mBotは黒か白かを判断することで、黒いラインの上を走れるんだよ！

「ファイル」→「コンピュータに保存」の順にクリックして、プロジェクトを保存しておこうね。

センサーの値	センサーの状態
0	両方のセンサーが黒
1	左のセンサーが黒 / 右のセンサーが白
2	左のセンサーが白 / 右のセンサーが黒
3	両方のセンサーが白

25 センサーとパーツを組みあわせてみよう

ここまで見てきたさまざまなセンサーは、プログラムを組みあわせて使うこともできるんだ。ここでは、ライントレースセンサーとLEDライトを組みあわせてみよう！

 ライントレースセンサーとLEDライトを組みあわせよう

では、今回はライントレースセンサーとLEDライトを組みあわせて光らせてみよう！ 「もし〜なら、○○」という「条件分岐」を使うよ！ 下のような設定にしてみよう！

0. もしセンサーが「0」だったら、LEDライトを両方「緑」
1. もしセンサーが「1」だったら、LEDライトを左だけ「緑」
2. もしセンサーが「2」だったら、LEDライトを右だけ「緑」
3. もしセンサーが「3」だったら、LEDライトを両方「赤」

やってみよう

「ファイル」→「新規」の順にクリックし、mBotと接続して、新しくプログラムを作ろう！
条件分岐では、「もし○○なら」ブロックを使うよ。
この○○の部分に、演算パレットから、「○＝○」ブロックを見つけて組みあわせよう！

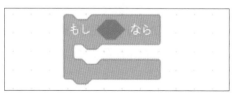

この「〇＝〇」ブロックと「もし〇〇なら」ブロックを組みあわせると、「右辺と左辺の値が等しければなかに入れたブロックを実行する」というプログラムになるよ！

ほかに必要なブロックは、ライントレースセンサーの値をずっと取ってくるブロックと、LED ライトを光らせるブロックだ！

さあ、条件分岐を使って、プログラムを組んでみよう！

まずライントレースセンサーの値が「0」だった場合の部分から作ろう。右のようにブロックを組みあわせれば、センサーの値が「0」のとき、つまり左右のセンサーが黒のときに、LED ライトが両方「緑」になるよ。

パンダのプログラムも忘れないでね。パンダのブロックパレットに切り替えて、「〇〇と言う」ブロックに、mBot のプログラムで作った変数「ライントレースセンサーの値」を組みあわせるよ。「(メッセージ1)を受け取ったとき」ブロックとくっつけよう！

139

同様に、センサーの値が「1」「2」「3」の場合もつけ足そう！

こんなプログラムを組んだ人はいないかな？
これだと「0」の状態から「1」や「2」になった
ときに、片方だけ光るようにならないよね！　ど
うしてだかわかる？

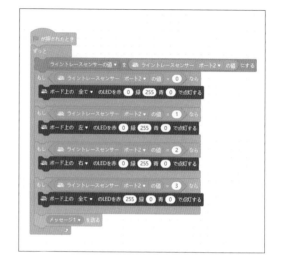

「0」で両方の LED ライトがついてる状態から、
「消す」という指示を出していないよね！

なので、正確にはこうだ！

「消す」という動作もちゃんと指示を出してあげ
ないといけないよ。
もう一度確認してみよう！
うまくできたら、「ファイル」→「コンピュータ
に保存」の順にクリックして、プロジェクトを保
存しておこうね。

チャレンジ

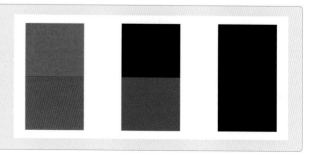

1. 「0」「1」「2」「3」で、それぞれブ
   ザーが鳴るようにしてみよう。
2. 黒と白以外の色がどのように反応す
   るか、右の図の上で調べてみよう。

140

26 mBotを自動運転させよう

ここでは、ライントレースセンサーを使うよ。ライントレースセンサーは、線の色の明るさを測るんだ。このセンサーの特徴を理解して、自動運転で走行するmBotにしてみよう。

 ## 自動で運転できるしくみって？

みんなは車の運転をしたことはあるかな？　遊園地のゴーカートならあるかもね。日本では、普通自動車は18歳にならないと運転免許証を持てないよ。じゃあ、みんなが車に乗ったときは、誰が運転しているかな？　バスならバスの運転手さん、タクシーはタクシーの運転手さん。お父さんやお母さんが運転する車に乗ったことがある人もいるかな？

基本的に車は、人間が運転しているよね。でも、最近では自動運転ができる車の開発も進んでいるよ！　人間は長時間運転していると疲れるよね。交通渋滞に巻き込まれたら大変だ。そんなとき、安全に走行できるように、自動運転で道をたどってくれたらいいよね？

そんなしくみの未来の車を考えてみよう。

 ## ライントレースセンサーのしくみ

ライントレースセンサーが調べた道の明るさをプログラムで判断して、モーターを制御するまでに時間がかかると道を外れちゃうよね。今まではパソコンでプログラムを動かして、mBotとは無線でやり取りしていたけど、それじゃ間に合わないかも！

そうならないように、ここでは、mBotに自分の作ったプログラムをアップロードする方法を使ってみよう。それには、「緑色の旗が押されたとき」ブロックのかわりに、イベントパレットの「mBot (mcore)が起動したとき」ブロックを使うんだ！　このブロック

mBot(mcore) が起動したとき

クを使うには、mBotと接続して、スプライトリストの「アップロードモード切り替え」を「オン」にする必要があるよ。

組み立てるプログラムのなかで使うブロックを見ていくよ。まずは「ライントレースセンサー〇〇の値」ブロックから！　P.136でもちょっとだけ説明したけど、もう一度センサーと値の関係を確認してみよう！

P.136

ライントレースセンサー　ポート2▼　の値

mBotが黒い道の上にあるとして、センサーの値とmBotの動きがどうなるかを考えてみよう。両方のセンサーが黒い線（ライン）の上にあるときは、前進していいね！

じゃあ、右のセンサーが線から外れたら？　左のセンサーが線から外れたら？　両方とも線から外れたら？

それぞれのセンサーの値のとき、どのような動きを指示すればいいかな？　この関係を図と表にまとめてみたよ。

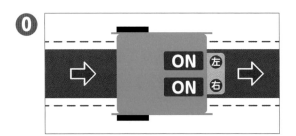

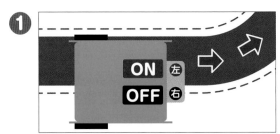

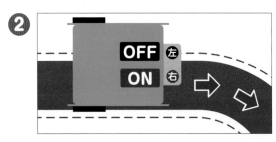

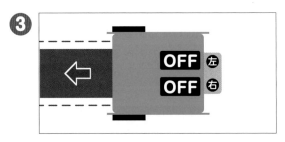

0. 両方のセンサーがライン上にあるときは、前に進むよ。

1. 右のセンサーがラインから外れたときは、左に曲がりながら進むよ。

2. 左のセンサーがラインから外れたときは、右に曲がりながら進むよ。

3. 両方のセンサーがラインから外れたときは、うしろに進んで、ラインに戻るようにしよう。

センサーの値	センサーの状態
0	両方のセンサーが黒
1	左のセンサーが黒 / 右のセンサーが白
2	左のセンサーが白 / 右のセンサーが黒
3	両方のセンサーが白

やってみよう

「ファイル」→「新規」の順にクリックし、mBotと接続して、新しくプログラムを作ろう！
ライントレースセンサーが調べた値を入れておく変数を用意するよ。そのために、P.90を参考
に「道の色の値」という名前の変数を作ってね。この変数を常に最新のセンサーの値にするため、
「ずっと」ブロックと「ライントレースセンサー〇〇の値」ブロックとを組みあわせよう！

```
ずっと
    道の色の値 ▼ を ライントレースセンサー ポート2 ▼ の値 にする
```

両方のセンサーが道の上にあるかどうかを調べるには、この変数の値が0かどうかを見ればいい
ね。比較は「○＝○」ブロックだね！　片方に「道の色の値」ブロック、もう片方にセンサーの
値となる「0」を入れよう！

```
道の色の値 ＝ 0
```

もし、変数の値が0だったときにどうするかを決めるには、「もし〇〇なら」ブロックを使うよ。
道の上にあるなら前進だね。「もし＜道の色の値＝0＞なら（前）向きに（50）％の速さで動かす」
というプログラムが作れるかな？

```
もし 道の色の値 ＝ 0 なら
    前 ▼ 向きに 50 ％の速さで動かす
```

143

同じように、センサーの値が「1」「2」「3」ならどのように動くかを作ってみよう。こんな感じかな。

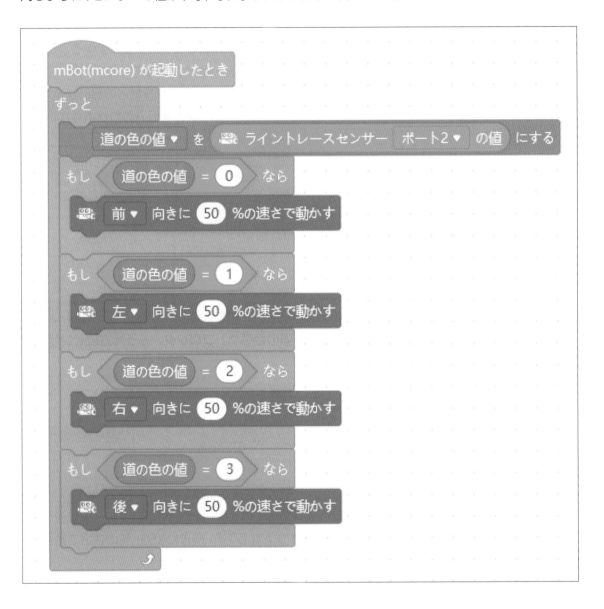

このプログラムを mBot にアップロードして動きに問題がないか確認してみよう。
USB ケーブルで接続してアップロードするよ。
「ファイル」→「コンピュータに保存」の順にクリックして、プロジェクトを保存しておこうね。

27 mBot に アップロードしよう

mBot を自動運転させるには、作ったプログラムを mBot にアップロードしなくちゃ
いけないよ！　mBot とパソコンを USB ケーブルで接続してアップロードしよう。

やってみよう

保存したファイルを読み込む場合は、「ファイル」→「コンピュータから開く」の順にクリックして、
ファイルを選んでから「開く」をクリックしてね！
今回のプログラムは、アップロードが完了すると、すぐに走り出すから、mBot を立てておくこ
とをおすすめするよ。あわせて、黒い線が描いてある付属のライントレースマップを広げておこ
う。準備ができたらパソコンと mBot を USB ケーブルで接続しよう！　「アップロード」をクリッ
クすると、モーターが回転するので、そのままライントレースマップの上に置いてみよう！

1 「アップロード」をクリック

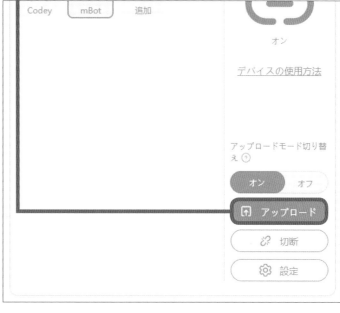

ちゃんと線の上を走ったかな？

mBot を止めるときは、P.50「mBot を初期設定に戻そう」を参照して、mBot を初期設定に
戻してね。初期設定に戻す際には、パソコンと USB ケーブルを接続する必要があるから、P.48
「Windows パソコンと mBot を USB ケーブルで接続しよう」を参照して、USB ケーブルのポー
ト番号を選択してからやってね。

ポイント

別売の Bluetooth Dongle を使うと、無線でアップロードができるよ。ドングルとは、コ
ンピューターに接続する装置のことなんだ。このドングルは、古いバージョンの mBlock
（mBlock3）でも操作できるからおすすめだよ！

28 ライントレース 中級編と上級編

前回のプログラムだと、アップロード後にすぐ走り出してしまって、ちょっと扱いにくいよね！ ここでは、mBotがある条件を満たしたら動くしくみにしてみよう。

ライントレース　中級編

mBotのmCoreについているボタン（P.23参照）を押したら、走り出すようにしたいので、2つのブロックを使うよ！ 「ボード上のボタンが（押された）」ブロックと、「○○まで待つ」ブロックだ！ この組みあわせを「mBot（mcore）が起動したとき」ブロックの下にくっつけるよ。

あわせて、変数を使ったプログラムの組みかたも紹介するよ！ ここでは、「スピード」と「道の色の値」に変数を使ってみよう。

変数を使うと、1か所だけ値を変更すれば、その変数を使っている場所すべてが変わるから便利なんだ！

条件で行うことを変える「条件分岐」も、さっきは、「もし○○なら」ブロックを4個使ったけど、ここでは「もし○○なら　でなければ」ブロックを2個使うプログラムの組みかたにしているよ！

結果は同じでも、プログラムの書きかたはたくさんあるよ！

できたら、mBotにアップロードして動きを確かめてみよう！

```
mBot(mcore) が起動したとき
  ボード上のボタンが 押された ▼ まで待つ
  スピード ▼ を 50 にする
  ずっと
    道の色の値 ▼ を ライントレースセンサー ポート2 ▼ の値 にする
    もし 道の色の値 = 0 なら
      前 ▼ 向きに スピード %の速さで動かす
    でなければ
      もし 道の色の値 = 1 なら
        左 ▼ 向きに スピード %の速さで動かす
      でなければ
        もし 道の色の値 = 2 なら
          右 ▼ 向きに スピード %の速さで動かす
        でなければ
          後 ▼ 向きに スピード %の速さで動かす
```

ライントレース　上級編

これは、大人でも難しいかも！？
リモコンの C ボタンを押したときに使われている、「ライントレースモード」のプログラムを見てみよう！

注目してほしいのは、定義ブロックで定義を 3 つ作っていることだ！　それぞれ、「ストップ」「左折」「右折」の動きを定義しているね！

変数としては、中級で作った「スピード」「道の色の値」のほかに、「ライン判定」を作っているよ。この変数にラインからはみ出した量を積算して、「右側にはみ出したとき」は左折。「左側にはみ出したとき」は右折の指示をしているんだ。完全にわからなくてもよいから、mBot の動きをよく見て、どの命令と対応しているのか、ブロックを分解して、解析するのもおもしろいよ！

ぜひ自分なりのプログラムを考えてみてね！

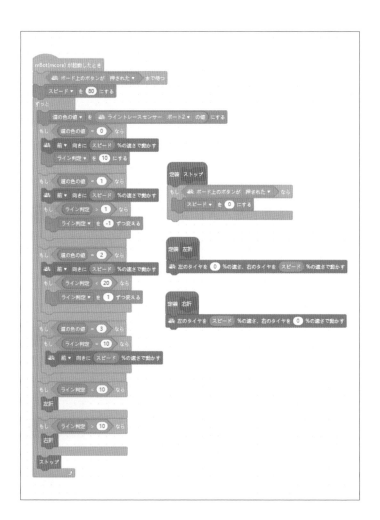

チャレンジ

1. 線からはみ出たら、左右の LED ライトを点滅させてみよう。
2. ボード上のボタンでオン・オフを切り替えるときに、ブザーを鳴らしてみよう。

第11章

赤外線センサーを
使ってみよう

29 mBot の赤外線センサーを使おう

ここでは、赤外線センサーを使うよ。赤外線センサーを使ってプログラムを組みたてれば、友達の mBot とメッセージを送りあったり、会話させたりすることができるんだ！ ただし、mBot が2台必要になることに注意してね！

赤外線センサーを確認しよう

みんなは友達とおしゃべりするのは好きかな？
嬉しいことや楽しいことがあったときは、みんなに話したくなるよね！
mBot は「赤外線センサー」というセンサーがついていて、mBot どうしでメッセージを送りあったり、情報をやり取りしたりできるんだ！
まずは、mBot のケースを外して赤外線センサーを確認してみよう。
mBot の基板（mCore）の前のほうについているよ。超音波センサーの上あたりに「IR_T」、「IR_R」の表示を見つけられるかな？

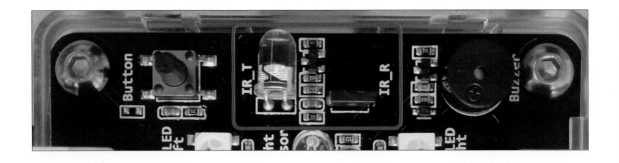

確認できたら、ケースをもとに戻しておこう。
赤外線は、人間の目には見えない長い波長の電磁波のことだね。
IR は「Infra Red」の略だよ。T と R は超音波センサーと同じで、トランスミッターとレシーバーだ（P.116 参照）。P.156 でも説明するけど、mBot には赤外線リモコンがついていて、その信号はレシーバーで受け取っているんだよ。
ここでは mBot が2台必要になるから、友達と協力しながら、赤外線センサーを使ってプログラムを作ってみよう！

赤外線の送信と受信をやってみよう

◆メッセージの送信

赤外線センサーを扱うときは、「mBot（mcore）が起動したとき」ブロックを使うよ。
「ファイル」→「新規」の順にクリックし、mBotと接続して、新しくプログラムを作ろう！
まずはメッセージの送信からやってみよう。センサーパレットから「赤外線メッセージ○○を送る」ブロックを見つけてね。

mBotに送るメッセージは英語（アルファベット）にしてね。数字にする場合は、"1000"のようにダブルコーテーション「"」で囲う必要があるよ。スペルミスがあるとちゃんと送受信できないから、短い言葉がいいかもね。ここでは「hello」と入力しているよ。プログラムを実行するスピードはとても速いんだ。「ずっと」ブロックと組みあわせて、くり返し送り続けるようにしてみよう！

1 「赤外線メッセージ○○を送る」ブロックと「ずっと」ブロックを組みあわせる

◆メッセージの受信

今度はメッセージを受信してみよう！　受信には、「受け取った赤外線メッセージ」ブロックを使うよ。
今回は、赤外線メッセージを受け取ったら、LEDライトを光らせるプログラムを作るよ。

LEDライトを光らせるためには、ライト・ブザーパレットの「ボード上の○○のLEDを赤○○緑○○青○○で点灯する」ブロックを使うよ。

次に、演算パレットから「○＝○」ブロックを見つけてね。左辺には、「受け取った赤外線メッセージ」ブロックを入れるよ。右辺には、「赤外線メッセージ○○を送る」ブロックと同じ言葉を入れてね。こちらも数字の場合はダブルコーテーションで囲うよ。

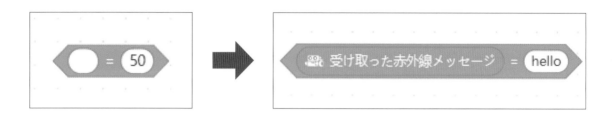

「もし○○なら　でなければ」ブロックと組みあわせて、受け取ったメッセージがhelloであれば赤いLEDライトを光らせて、そうでないときはLEDライトが光らないようにするよ。

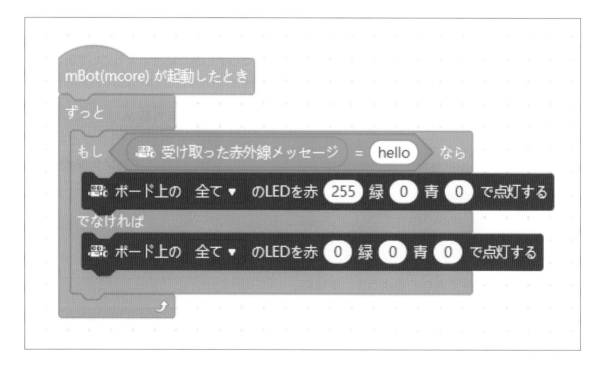

2台のmBotを用意して、送信と受信のそれぞれのプログラムをアップロードするよ。パソコンとmBotをUSBケーブルで接続して、プログラムをアップロードしてね。「mBotが起動したとき」がきっかけだから、アップロードが終わったらパワースイッチを入れなおしてね。mBotどうし顔を向き合わせると、ちゃんとLEDライトが光るかな？
「ファイル」→「コンピュータに保存」の順にクリックして、プロジェクトを保存しておこうね。

友達の mBot とうたわせてみよう

メッセージを送受信するだけだと、ものたりないよね。メッセージを受け取ったら「○○する」という動作を加えてみよう！「ファイル」→「新規」の順にクリックし、mBot と接続して、新しくプログラムを作ろう！　まずはきっかけとなる「mBot（mcore）が起動したとき」ブロックを用意するよ。

センサーパレットから「ボード上のボタンが○○」ブロックを見つけてね。次に、「○○の音階を○○秒鳴らす」ブロックを 3 つ用意して、「ドレミ」と鳴るようにしよう。音を鳴らしたあとに友達にメッセージを送るため、「赤外線メッセージ○○を送る」ブロックをくっつけるよ。

これらのブロックを「もし○○なら」ブロックと組みあわせたら、全体を「ずっと」ブロックで囲んでね。mBot の mCore についているボタン（P.23 参照）を押したら、「ドレミ」と鳴るようにしよう！

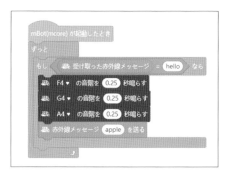

左側のプログラムは、友達から受信したメッセージが hello であれば、「ファソラ」と鳴らして、メッセージ apple を送るプログラムだ。右側のプログラムは、受信したメッセージが hello であれば、「ドレミ」と鳴らして、apple であれば「シド（C5）」を鳴らすプログラムになっているよ。

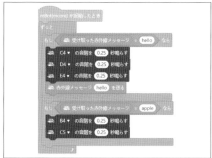

ここでは音階を表現したけど、メロディをうたわせてもおもしろいかもね（第 6 章参照）。できたら、mBot にアップロードして動きを確認してみよう！「ファイル」→「コンピュータに保存」の順にクリックして、プロジェクトを保存しておこうね。

ロボットどうしで会話をさせてみよう

ロボットどうしで会話させるために、乱数（P.130 参照）を使って設定してみよう。「ファイル」→「新規」の順にクリックし、mBot と接続して、新しくプログラムを作ろう！

まずは 1 人目のプログラムからだ！　きっかけとなる「mBot (mcore) が起動したとき」ブロックを用意しておくよ。mBot の mCore についているボタン（P.23 参照）を押したら動作するように、「○○まで待つ」ブロックと「ボード上のボタンが○○」ブロックを組みあわせてね。

次に、「○○ Hz の周波数で音を○○秒鳴らす」ブロックを見つけて、演算パレットの「○○から○○までの乱数」ブロック、「○ ＊ ○」ブロックを組みあわせよう！　音の長さは短いほうがロボットっぽいので、乱数 1 ～ 20 に 0.01 をかけて、0.01 ～ 0.2 秒の長さの音にするよ。

このプログラムを、制御パレットの「○○回繰り返す」ブロックで囲もう。ロボットの会話っぽくしたいので、音の周波数と音の長さだけじゃなく、くり返す回数も乱数を使って表現してみるよ。

1 「○○回繰り返す」ブロック、「○○から○○までの乱数」ブロックと組みあわせる

```
mBot(mcore) が起動したとき
  ボード上のボタンが 押された ▼ まで待つ
  1 から 10 までの乱数 回繰り返す
    440 から 1000 までの乱数 Hz の周波数で音を 1 から 20 までの乱数 ＊ 0.01 秒鳴らす
```

最後に、「赤外線メッセージ○○を送る」ブロックをくっつけよう。ロボットどうしで会話するために必要なブロックだから、忘れないようにしてね。

ここまでできたら、メッセージを受け取ったときのプログラムを作って、プログラムをつなげてみよう！

音が鳴っている間は LED ライトが点灯するようにするよ。ここでは、「もし○○なら　でなければ」ブロックを使って、受け取ったメッセージが apple のときに、LED ライトが青く光る設定にしているよ。

次に、2 人目のプログラムを見ていこう。1 人目のときと同様に、ランダムに音を鳴らす設定にするよ。今度は、メッセージを受け取って音を鳴らしている間は、LED ライトが赤く光る設定にしてみてね。

完成したら、それぞれ mBot にアップロードして確認してみてね。ちゃんと会話しているように聞こえるかな？　「ファイル」→「コンピュータに保存」の順にクリックして、プロジェクトを保存しておこうね。

チャレンジ

1. 複数の mBot を使って、友達と協力しながら長編の曲を演奏してみよう。

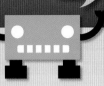

30 赤外線リモコンで音を鳴らそう

mBot には赤外線リモコンが付属していて、ボタンを押すだけで mBot を操作することができるんだ。ここでは、リモコンを使って mBot から音を鳴らすプログラムを作ってみよう！

赤外線リモコンのボタンに音を設定してみよう

赤外線リモコンの数字のボタンを押したら、音が鳴るようにしてみよう！「ファイル」→「新規」の順にクリックし、mBot と接続して、新しくプログラムを作ろう！

まず、「mBot（mcore）が起動したとき」ブロックを用意しておいてね。

「もし○○なら」ブロックに、センサーパレットの「赤外線リモコン○○ボタンが押された」ブロックと、ライト・ブザーパレットの「○○の音階を○○秒鳴らす」ブロックを組みあわせるよ。

1 ＝ド、2 ＝レ、3 ＝ミ、4 ＝ファ、5 ＝ソ、6 ＝ラ、7 ＝シ、8 ＝高いドになるように、プログラムを組みたててみよう！

プログラムは、常に待ち受けている状態にしたいから、「ずっと」ブロックで全体を囲んでね。

できたら、mBot にアップロードして確かめてみよう！ リモコンの数字のボタンを押したら、プログラムどおりに音が鳴ったかな？

「ファイル」→「コンピュータに保存」の順にクリックして、プロジェクトを保存しておこう。

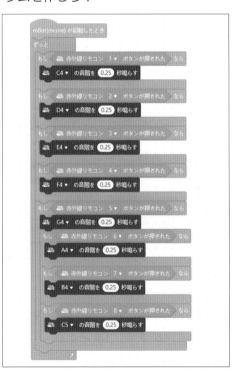

チャレンジ

1. 赤外線リモコンのボタンに、自分のオリジナルの音を設定してみよう。

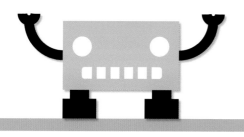

mBot でできることを
考えてみよう

31 mBot の構造や動きを調べよう

ここまでで、いろいろな mBot のしくみやプログラムの方法を学んできたね。mBot の内側のことはわかってきたので、今度は mBot の動きを考えてみよう。どんな場面で mBot が活躍できるかな?

mBot でゲームを作る前に

mBot でどのような動きができるかわかってくると、その動きを使った遊びも見つけられるよ。mBot をプログラミングして、どんなおもしろいゲームが組み立てられるかな?

これから紹介するゲームを参考にしながら、mBot を使った遊びやゲームを、自分たちでも考えてみよう!

mBot の構造や動きを調べよう

いろいろなゲームを考える前に、mBot の構造や動きを調べよう。ただし、電池の残量、左右のモーターの摩擦などによって、同じプログラムでも動きかたは変化するよ。また、モーターの回りかたは、個体差があるよ!

その個体差をなるべく減らすために、まずは**ブレークインという方法で、モーターの慣らし運転をしてみよう!** ブレークインは、準備運動のようなもので、モーターの性能が発揮できるようにモーターやギアをなじませてあげることだよ!

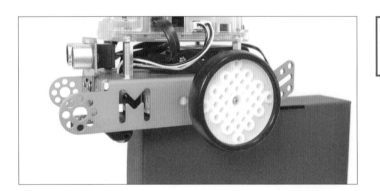

タイヤが浮くように、台に乗せよう

ブレークインの方法は、いくつかあるけど、下の2パターンがおすすめだよ！
よりまっすぐ走るようになるから試してみてね！

パターン1　正転5分 → 休憩5分 → 逆転5分　【計15分】
パターン2　正転1分 → 休憩1分 → 逆転1分 × 5セット　【計15分】

[↑]キーを押すとモーターは正転、[↓]キーを押すとモーターは逆転するよ。

定規で測ろう

どのくらいの幅があればmBotが通り抜けられるのか、タイヤの一回転でどのくらい進むのかを調べるため、各部の大きさを定規で測ってみよう。

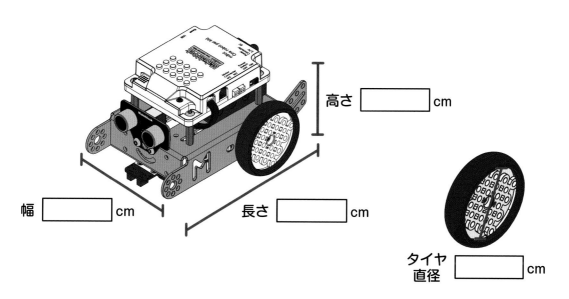

高さ 　　　　　 cm

幅 　　　　　 cm　　　　　長さ 　　　　　 cm

タイヤ
直径 　　　　　 cm

プログラムを実行した結果を計ろう

プログラムで指定した動きの数値と実際の mBot の動きとの関係がわかれば、好きな距離と好きな向きに mBot を動かすことができるよ。まず、mBot に指定した速度と、さまざまな距離を直進するのにかかる時間の関係を調べよう！

速度＼距離	10cm	20cm	30cm	40cm
50%				
100%				

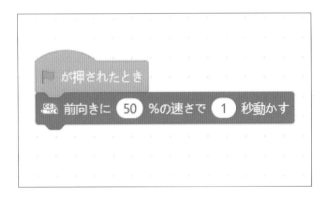

「ファイル」→「新規」の順にクリックし、mBot と接続して、やってみよう！ 速度と秒数を変えながら表を埋めていこう。できたら、「ファイル」→「コンピュータに保存」の順にクリックして、プロジェクトを保存しようね。

回転の時間を調べよう

mBot の向きを変える方法には、2 種類あるよ！

①片方の車輪を止めて、そちらを軸に回転させる
②左右の車輪を逆回転させて、スピンさせる

右回り、左回りのそれぞれについて、指定した速さで、それぞれの角度を回るのにかかった時間を調べてみよう。
「ファイル」→「新規」の順にクリックし、mBot と接続して、やってみよう！

160

◆右回り

速度＼角度	90度	180度	270度	360度
50%				
100%				

◆左回り

速度＼角度	90度	180度	270度	360度
50%				
100%				

向きを変えるプログラムにはいくつかの種類があるよ。これは、「左向きに〇〇 ％ の速さで〇〇秒動かす」ブロックで回転の向きを指示する方法だよ。

これは、左右のモーターにそれぞれ速さを指定する方法だよ。

これは、「〇〇向きに〇〇 ％ の速さで動かす」ブロックを実行した回数で指定する方法だよ。このように「動きを止める」ブロックで止めることもできるよ。

プログラムによって、どのような違いがあるか調べてみよう。表を埋めるときは、1つの方法に決めてからやってね。できたら、「ファイル」→「コンピュータに保存」の順にクリックして、プロジェクトを保存しようね。

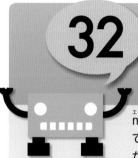

32 タイルコースゲーム

mBotを自動運転させて、タイルで作ったコースをゴールまで動かすゲームをやってみよう！　作ったコースを見て、どうすればmBotがゴールまで走り抜けられるか考えてプログラムを作ってみよう！

 ## mBot をタイルに沿って走らせてみよう

ここまで調べてきた情報を使って、自分のmBotをタイルに沿ってスタートからゴールまで走らせてみよう！　タイルは、さっき調べたmBotの縦横の大きさより大きくなるように決めて、紙を切って作ってね。

 ## プログラムを組んでみよう

まずは、自分が作ったタイルの大きさから、何cm進めば、次のタイルにたどり着くかを考えてみよう。その距離がわかれば、さっきの表から指定する速さと秒数がわかるはずだね！

まずは直進のプログラムを作ってみよう！
「ファイル」→「新規」の順にクリックし、mBotと接続して、やってみよう！

それぞれの数値は、表をもとに自分で考えて変えてね。

直進が設定できたら、右に90度回転、左に90度回転をそれぞれ指定してみよう。

それぞれの数値は、表をもとに自分で考えて変えてね。

自分のmBotを動かして確認しながら、秒数を微調整してね！　さっきも説明したように、摩擦や電池の残りなどでも変わってくるよ。

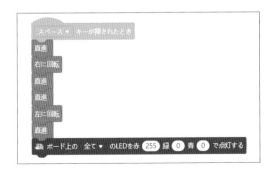

このプログラムでは、[スペース]キーを押すとスタートして、ゴールに着いたら、赤いLEDライトを点灯させているよ。何度か確認するときは、ゴールした合図のLEDライトを消したいので、「(スペース)キーが押されたとき」ブロックの下に、「ボード上の(全て)のLEDを赤(0)緑(0)青(0)で点灯する」ブロックを入れておこう。
できたら、「ファイル」→「コンピュータに保存」の順にクリックして保存しようね。

第1章
第2章
第3章
第4章
第5章
第6章
第7章
第8章
第9章
第10章
第11章
第12章
付録

163

タイルコースのパターン

コースにはいろいろなパターンが考えられるよ。以下の基本パターンができたら、自分でも考えてみよう。

・順次（シーケンス）処理を使って抜けられるコース（前進→右折→前進→左折→前進）

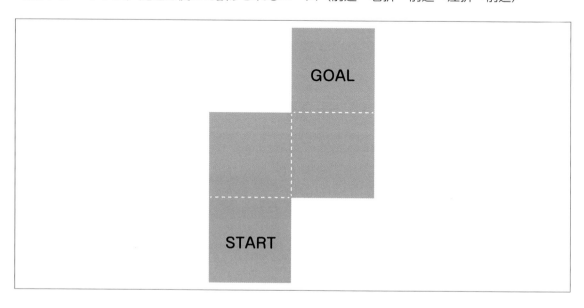

・くり返し処理を使って抜けられるコース（前進→右折→前進→左折→前進）×２

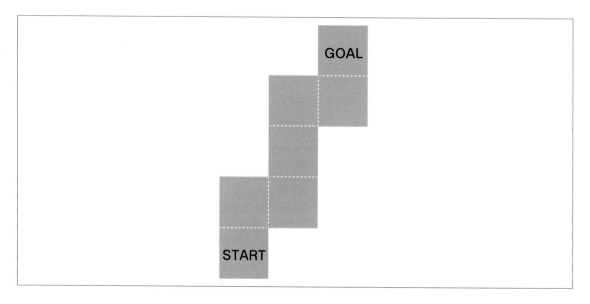

・条件分岐を使って抜けられるコース

障害物
GOAL
障害物
障害物
障害物
START

条件分岐のコースでは、障害物との距離を超音波センサーで測り、その結果で動きを変えながらタイルをたどろう！　「ファイル」→「新規」の順にクリックし、mBot と接続して、やってみよう！　プログラムを mBot にアップロードして動かすから、スプライトリストでアップロードモードを「オン」に切り替えてから組み立てよう。左右はわかりやすいように、違う音をそれぞれ指定して確認するよ！　音を鳴らしている間（0.5秒）回転する設定だよ。自分の mBot が何秒で90度回転するかで、音の長さを調整してね！

※ 障害物は、高さ幅ともに 9cm 以上の大きさにしてください。

mBot (mcore) が起動したとき
　🎮 ボード上のボタンが 押された▼ まで待つ
　回数▼ を 0 にする
ずっと
　🎮 前▼ 向きに 50 %の速さで動かす
　もし 回数 = 0 なら
　　右折
　もし 回数 = 1 なら
　　左折

定義 左折
　壁との距離▼ を 🎮 超音波センサー ポート3▼ の値 (cm) にする
　もし 壁との距離 < 10 なら
　　🎮 左▼ 向きに 50 %の速さで動かす
　　🎮 C4▼ の音階を 0.25 秒鳴らす
　　回数▼ を 0 にする

定義 右折
　壁との距離▼ を 🎮 超音波センサー ポート3▼ の値 (cm) にする
　もし 壁との距離 < 10 なら
　　🎮 右▼ 向きに 50 %の速さで動かす
　　🎮 A4▼ の音階を 0.25 秒鳴らす
　　回数▼ を 1 にする

プログラムを mBot にアップロードして確認しよう。止めるときは、P.50 を参考に mBot を初期設定に戻してね。
できたら、「ファイル」→「コンピュータに保存」の順にクリックして、保存しようね。

33 ライントレース迷路ゲーム

迷路を作って mBot が脱出できるかやってみよう！　途中にいろいろなしかけを置いてもおもしろいよ。プログラムは１つとは限らないから、自分で考えてプログラムを作ってみるといいよ！

迷路から mBot を脱出させよう

ライントレースのコースを作り、スタートからゴールにたどり着けるようにコントロールしてみよう！
一筆書きのコースだと、おもしろくないので、枝分かれした道も作ってね！

迷路のコースを作るときは、曲がるポイントにきっかけとなるしかけ（障害物や、明るいライトなど）を配置して、きっかけを与えて教えてあげるようにするのがポイントだよ！　ここでは、超音波センサーに反応する障害物を使うことにしよう。

4つの線のパターンを用意して、自由にコースを作ってみよう！　ただし、インクジェットプリンターの黒は反応しない場合があるから注意してね！

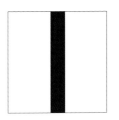 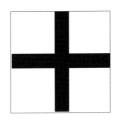 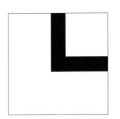 

 ## 迷路を抜けるためのプログラムを考えよう

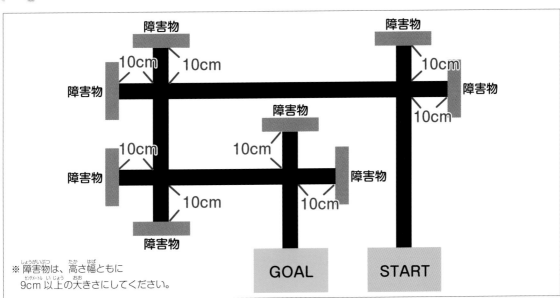

ラインを引き、行き止まりでは、曲がり角から 10cm のところに障害物を置くよ。
障害物をきっかけに、進める道を選んで進む、賢いロボットにしてみよう！　無事に GOAL まで行けるかな。

ポイント

前方に障害物があったら一度左折し、左折した側にも障害物があったら、元の位置から右の方向に進むようにするよ。障害物を確認した数を変数で数えるよ。超音波センサーの値も、変数に入れて使うよ！

プログラムを組んでみよう

下の図のように変数を２つ準備しておこう。次に、左折と右折とライントレースの３つの動きを定義するよ！「ファイル」→「新規」の順にクリックし、mBot と接続して、やってみよう！「ブロックを作る」ボタンから、定義を準備してね。

この例では、0.5 秒で 90 度回転する設定だ。右折は、１度左折した位置から 180 度回転させたいので、１秒音を鳴らす設定にしているよ。
曲がった回数を変更するブロックと、曲がって１秒以内に次の障害物があったら右折させたいので、「タイマーをリセット」ブロックを入れて時間を計るよ。

定義 左折	定義 右折
距離 ▼ を 超音波センサー ポート3 ▼ の値 (cm) にする	距離 ▼ を 超音波センサー ポート3 ▼ の値 (cm) にする
もし 距離 < 10 なら	もし 距離 < 10 なら
左 ▼ 向きに 50 ％の速さで動かす	右 ▼ 向きに 50 ％の速さで動かす
C4 ▼ の音階を 0.5 秒鳴らす	A4 ▼ の音階を 1 秒鳴らす
回数 ▼ を 1 にする	回数 ▼ を 2 にする
タイマーをリセット	タイマーをリセット

プログラムを mBot にアップロードして動かすから、スプライトリストでアップロードモードを「オン」に切り替えてから組み立てよう。前方に障害物があったら、1 回目は必ず左折する。左折して 1 秒以内に障害物があったら右折。右折の方向にも障害物があったら、行き止まりなので、元の道を戻る。1 回目の左折でそのまま進めたなら、曲がった回数をリセットしたいので、センサーパレットの「タイマー」ブロックで、1 秒たったら回数を「0」に戻すよ。

下に、定義を含む完成したプログラムをまとめておいたよ。プログラムを mBot にアップロードして確認しよう。止めるときは、P.50 を参考に mBot を初期設定に戻してね。できたら、「ファイル」→「コンピュータに保存」の順にクリックして保存しようね。

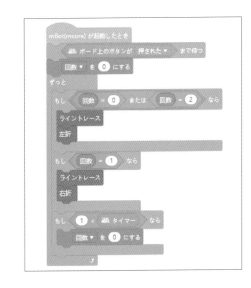

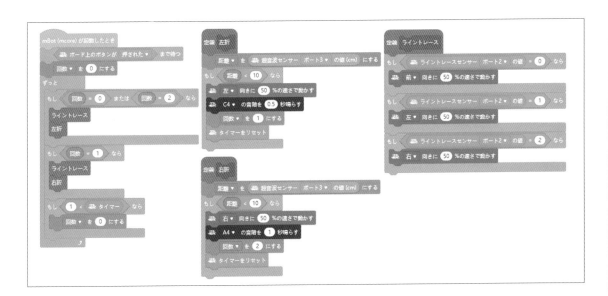

チャレンジ

1. 交通ルールの標識や信号を作って、交通ルールが守れるように走らせてみよう。
2. 交通ルールから、自分たちで点数を決めてゲームを考えてみよう。
3. いろいろな迷路を作って、クリアできるか試してみよう。

169

結衣ちゃんの研究室

ここでは、小学6年生のお友達、染矢結衣ちゃんの研究を紹介するよ。結衣ちゃんは mBot と mBlock を組み合わせて、パソコンに言葉を話してもらうしくみを考えたんだ。

まず、mBot のブロックパレットで「拡張」→「ブロードキャスト」の「追加」をクリックして、アップロードモードのブロードキャストパレットのブロックを追加してね。このブロックを使うには、mBot と接続して、スプライトリストの「アップロードモード切り替え」を「オン」にする必要があるよ。

まずは mBot 側のプログラムの設定だ。付属のリモコンのボタンをきっかけに、パソコンへメッセージを送るようにするよ。リモコンの「1」「2」「3」のボタンを押したら、それぞれメッセージを送るように、右のプログラムを作ろう。

続いて、パンダ側の設定だ。mBot と同じようにブロードキャストパレットを追加して、さらにブロックパレットで「拡張」→「Text to Speech」の「追加」をクリックして、テキストから音声パレットのブロックを追加してね。
パンダのブロックは、mBot からのメッセージを受け取ったら、それぞれ言葉を話すように組み立てるよ。

できたら、P.145のようにプログラムを mBot にアップロードして、リモコンのボタンを押して確認してみよう！　ちゃんと話せるかな？
さらに結衣ちゃんは、話す言葉の文字をリモコンのボタンから自由に入力できるしくみを研究中だ！　このしくみがあると助かる人もいるね！　みんなもこうしたおもしろい研究、世の中のためになる研究をしてみてね！

170

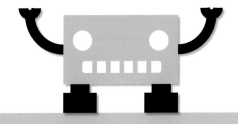

付録

mBotを
さらに楽しもう

34 役に立つ拡張モジュールや アプリを知ろう

mBot をさらに活用できるように、さまざまな「拡張モジュール」がインターネットなどで販売されているよ！ mBot をスマートフォンやタブレットでコントロールできるアプリもあるから、あわせて紹介するね！

おすすめ拡張モジュール紹介

◆ Me LED マトリックス 8×16

縦 8 ドット、横 16 ドットの LED マトリックスのフェイスプレートだよ。
数値や絵を表示させるなど、さまざまな活用方法があるよ！
「LED パネル○○に○○を表示する」ブロックなどを使ってプログラムを作るよ！

◆ Me RGB ラインフォロワーセンサー

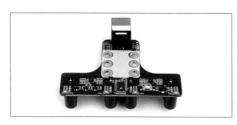

白と黒だけでなく、いろいろな色をセンサーに学習させて、mBot に自分の好きなコースを走らせられる万能トレースセンサーだ！
RGB ライントレースパレットを追加してプログラムを作るよ！

◆ Bluetooth コントローラー

これがあれば、mBot を自分の手で自由にコントロールできるんだ。
mBot の競技大会「MakeX」にも参加できるよ。
Bluetooth コントローラパレットを追加してプログラムを作るよ！

◆ Makeblock

mBot は、タブレットやスマートフォンをコントローラーにすることでも動かせるよ。そのためには、このアプリを使うよ。
かんたんなリモコン操作で mBot を自由に動かせるんだ！
Bluetooth での接続もかんたんに行えるよ。

※ iPad での使用画面です。

◆ mBlock

タブレットやスマートフォンでプログラミングするときは、このアプリを使ってね。
本書で解説した画面と少し違うけれど、基本操作は同じだから、ぜひチャレンジしてみてね！

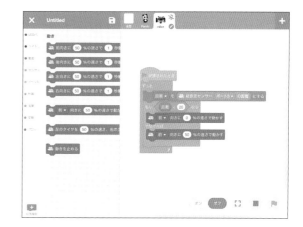

※ iPad での使用画面です。

保護者の方へ

「Makeblock」アプリと「mBlock」アプリをダウンロードする際は、iOS では App Store で、Android では Google Play で、「Makeblock」「mBlock」と検索してダウンロードしてください。

35 フェイスデザインテンプレートを使おう

本書の購入特典として、mBot のフェイスデザインテンプレートがあるよ！
mBot の正面にはめて、おもしろい表情にしてみよう！　そのほかに、メジャーと分度器の購入特典もあるよ！

フェイスデザインテンプレートを使おう

本書を読んでいるみんなに、mBot の顔につけることができるフェイスデザインテンプレート（お面）のプレゼントだ！　動いた距離や角度を測れるメジャーと分度器もね！　下の「ダウンロード方法」を参考にファイルをダウンロードして、印刷して使おう！

◆フェイスデザインテンプレート

フェイスデザインテンプレートは、mBot の超音波センサーの部分につけることができるよ。ダウンロードしたら、等倍になるように設定したうえで印刷して、デザインに沿ってきれいにはさみで切り抜いてね。印刷の設定はプリンターによって異なるから、使っているプリンターの説明書を参照してね。
ダウンロードしたファイルを参考に、自分のオリジナルのフェイスデザインも考えてみよう。二重に組みあわせていろんなパターンを作れるようにするとおもしろいよ！

◆メジャー・分度器

メジャーと分度器は、第 12 章で mBot の動きを計測するときなどに便利だよ。こちらも等倍で印刷して、はさみで切って使ってね。計測がはかどるよ！

ダウンロード方法

フェイスデザインテンプレートと、メジャー・分度器を利用するには、P.191 をご確認のうえ、PDF をダウンロードしてください。

36 ブロック紹介

ここでは、パンダ（スプライト）のブロックパレットと、mBot のブロックパレットのなかから、よく使う便利なブロックをまとめて紹介するね。これらのブロックをうまく組み合わせて、自分だけのプログラム作りにもチャレンジしてみよう！

イベントパレット内のブロック

	ブロック名	ブロックの作用
が押されたとき	緑色の旗が押されたとき	ステージの右下にある、緑色の旗がクリックされたら次の動作を行うブロックだよ。
スペース ▼ キーが押されたとき	○○キーが押されたとき	指定したキーが押されたら、動作を行うブロックだよ。キーの種類を変えるには「▼」をクリックしてね。
メッセージ1 ▼ を受け取ったとき	○○を受け取ったとき	メッセージを受け取ったら、動作を行うブロックだよ。

制御パレット内のブロック

	ブロック名	ブロックの作用
1 秒待つ	○○秒待つ	指定した秒数だけ、プログラムの動きを止めて待つよ。
10 回繰り返す	○○回繰り返す	指定した回数だけ、なかに入っているブロックの動作をくり返すよ。
ずっと	ずっと	ずっとなかに入っているブロックの動作をくり返すよ。

	ブロック名	ブロックの作用
	もし○○なら	○○に入れた真偽ブロックが「はい（真）」なら、なかのブロックを実行するよ。
	もし○○なら　でなければ	○○に入れた真偽ブロックが「はい（真）」なら、「なら」のあとのブロックを実行し、そうでないときは、「でなければ」のあとのブロックを実行するよ。
	○○まで待つ	○○に入れた真偽ブロックが「はい（真）」になるまで待つよ。
	○○まで繰り返す	○○に入れた真偽ブロックが「はい（真）」になるまで、なかのブロックをくり返し実行するよ。最初から「いいえ（偽）」なら、一度も実行しないんだ。
	○○を止める	プログラムの実行を止めたいときに使うよ。「▼」をクリックすると止める範囲を選べるよ。プログラムを止めても、動いているmBotは止まらないから気をつけてね。

 ## 演算パレット内のブロック

算術演算ブロックは、計算に使うブロックだよ。○には、数字や、数字を返すブロックを入れられるよ。ここでは説明しないけど、文字列を使うブロックもあるよ。

◆算術演算ブロック

算術演算ブロックは、数字を使って計算するブロックだよ。

	ブロック名	ブロックの作用
	○+○	足し算を計算するブロックだよ。

	ブロック名	ブロックの作用
(○ - ○)	○-○	引き算を計算するブロックだよ。
(○ * ○)	○＊○	掛け算を計算するブロックだよ。
(○ / ○)	○／○	割り算を計算するブロックだよ。
(○ を ○ で割った余り)	○○を○○で割った余り	割り算したときの余りを答えるよ。
(○ を四捨五入)	○○を四捨五入	小数第1位が4以下なら切り捨て、5以上なら切り上げした整数を答えるよ。

◆比較演算ブロック

比較演算ブロックは、右辺と左辺の比較をするブロックだよ。

	ブロック名	ブロックの作用
(○ > 50)	○>○	左辺大なり右辺のとき「はい（真）」を返すよ。
(○ < 50)	○<○	左辺小なり右辺のとき「はい（真）」を返すよ。
(○ = 50)	○=○	左辺と右辺が等しいとき「はい（真）」を返すよ。

◆論理演算ブロック

論理演算ブロックは、数字の代わりに真偽値（「はい」か「いいえ」）を使って計算するブロックだよ。

	ブロック名	ブロックの作用
かつ	〇〇かつ〇〇	両方とも「はい（真）」のときだけ答えが「はい（真）」になるよ。
または	〇〇または〇〇	どちらかが「はい（真）」のときに答えが「はい（真）」になるよ。
ではない	〇〇ではない	「はい（真）」のとき答えが「いいえ（偽）」、「いいえ（偽）」のとき答えが「はい（真）」になるよ。

◆関数ブロック

プログラムでよく使う関数（与えられた数を規則にしたがって変換するしくみ）を計算できるブロックだよ。

	意味（いみ）	例（れい）
絶対値（ぜったいち）	○○の数値（すうち）が負（ふ）の数（すう）だったとき、マイナス符号（ふごう）を外（はず）した数（かず）を返（かえ）すよ。	絶対値（ぜったいち）（-10）= 10
切（き）り下（さ）げ	○○の数値（すうち）を小数点以下（しょうすうてんいか）を切（き）り下（さ）げた整数（せいすう）にするよ。	切（き）り下（さ）げ（1.9）= 1
切（き）り上（あ）げ	小数点以下（しょうすうてんいか）を切（き）り上（あ）げた整数（せいすう）にするよ。	切（き）り上（あ）げ（1.9）= 2
平方根（へいほうこん）	二乗（にじょう）すると与（あた）えた数（かず）になるような数（かず）（ルート）を返（かえ）すよ。	平方根（へいほうこん）（49）= 7
sin	○○の数値（すうち）の正弦値（せいげんち）を返（かえ）すよ。	sin（3）= 0.052335956242944
cos	○○の数値（すうち）の余弦値（よげんち）を返（かえ）すよ。	cos（3）= 0.998629534754574
tan	○○の数値（すうち）の正接値（せいせつち）を返（かえ）すよ。	tan（3）= 0.052407779283041

動きパレット（スプライト）内のブロック

	ブロック名（めい）	ブロックの作用（さよう）
10 歩動かす	○○歩（ほ）動（うご）かす	スプライトを指定（してい）した歩数（ほすう）だけ動（うご）かすブロックだよ。1歩（ぽ）はプログラムでは、1ピクセルのことを指（さ）すんだ。モニターの小（ちい）さな点（てん）1つが1ピクセル（ドット）だよ。数値（すうち）を変更（へんこう）できるよ。
15 度回す / 15 度回す	○○度（ど）回（まわ）す	スプライトを指定（してい）した角度（かくど）だけ右回（みぎまわ）り、左回（ひだりまわ）りに回転（かいてん）させるブロックだよ。角度（かくど）の数値（すうち）は変更（へんこう）できるよ。

見た目パレット（スプライト）内のブロック

	ブロック名	ブロックの作用
こんにちは！ と言う	○○と言う	スプライトの吹き出しに言葉（文字列）や、データ（数値）を表示することができるよ。自分の知りたいデータの中身を見たいときに便利だよ。
次のコスチュームにする	次のコスチュームにする	スプライトのコスチューム（画像）を切り替えるときに使うよ。

調べるパレット（スプライト）内のブロック

	ブロック名	ブロックの作用
タイマー	タイマー	起動してからの時間を秒で返すブロックだよ。時間は「タイマーをリセット」ブロックで0に戻るよ。

音楽パレット（スプライトの拡張パレット）内のブロック

	ブロック名	ブロックの作用
楽器は (1) ピアノ ▼ を設定する	楽器は○○を設定する	鳴らす楽器を選ぶブロックだよ。楽器の種類は「▼」をクリックして選べるよ。
60 の音符を 0.25 拍鳴らす	○○の音符を○○拍鳴らす	音階と音の長さを設定して、音を鳴らすブロックだよ。
テンポを 60 にする	テンポを○○にする	曲のテンポを1分あたりの拍数で決めるブロックだよ。

180

ペンパレット（スプライトの拡張パレット）内のブロック

	ブロック名	ブロックの作用
ペンを下ろす	ペンを下ろす	スプライトが通った跡の線をステージ上に引けるブロックだよ。
ペンを上げる	ペンを上げる	ペンを上げて、線を引かないようにするブロックだよ。
すべて消去	すべて消去	ステージに描かれた線を消すブロックだよ。

動きパレット（mBot）内のブロック

	ブロック名	ブロックの作用
前向きに 50 %の速さで 1 秒動かす	前向きに○○%の速さで○○秒動かす	速さと秒数を指定して前に mBot を動かすブロックだよ。
後向きに 50 %の速さで 1 秒動かす	後向きに○○%の速さで○○秒動かす	速さと秒数を指定してうしろに mBot を動かすブロックだよ。
前 ▼ 向きに 50 %の速さで動かす	○○向きに○○%の速さで動かす	方向と速さを指定して mBot を動かすブロックだよ。「▼」をクリックすると、方向を選べるよ。
左のタイヤを 50 %の速さ、右のタイヤを 50 %の速さで動かす	左のタイヤを○○%の速さ、右のタイヤを○○%の速さで動かす	mBot の左右のタイヤをそれぞれ指定した速さで動かすブロックだよ。
動きを止める	動きを止める	mBot の動きを止めるブロックだよ。

	ブロック名	ブロックの作用
LEDパネル ポート1▼ に ■■■ を表示する	LED パネル○○に□を表示する	Me LED マトリックス 8 × 16 を取り付けているときに、表示させる絵を設定するブロックだよ。□をクリックすると、点灯させるドットを 1 つずつ選べるよ。
LEDパネル ポート1▼ に hello を表示する	LED パネル○○に○○を表示する	Me LED マトリックス 8 × 16 を取り付けているときに、表示させる文字列を設定するブロックだよ。うしろの○○をクリックすると、自由に文字列を入力できるよ。

	ブロック名	ブロックの作用
ボード上の 全て▼ のLEDを赤 255 緑 0 青 0 で点灯する	ボード上の○○のLED を赤○○緑○○青○○で点灯する	ボード（mCore）の上にある LED ライトを光らせるブロックだよ。LED ライトを 2 つとも点灯させたり、左右 1 つだけ点灯させたりもできるよ。赤、緑、青に対して、自分で数値を入力することができるよ。
ボード上の 全て▼ のLEDを赤 255 緑 0 青 0 で点灯する ✓全て 左 右		

	ブロック名	ブロックの作用
C4 ▼ の音階を 0.25 秒鳴らす		mBot についたブザーを鳴らすブロックだよ。
C4 ▼ の音階を 0.25 秒鳴らす C2 D2 E2 F2 G2 A2 B2 C3 D3 E3 F3 G3 A3	○○の音階を○○秒鳴らす	「▼」のメニューでブザーの音階を変更することができるよ。
700 Hz の周波数で音を 1 秒鳴らす	○○ Hz の周波数で音を○○秒鳴らす	mBot についたブザーを鳴らすブロックだよ。周波数の数値と秒数を入力できるよ。

センサーパレット（mBot）内のブロック

	ブロック名	ブロックの作用
光センサー ボード上の光センサー ▼ の値	光センサー○○の値	光センサーが調べた明るさの値を答えるよ。「▼」のメニューで、mBot の「ボード上の光センサー」やポートが選べるよ。
ボード上のボタンが 押された ▼	ボード上のボタンが○○	mBot のボード（mCore）にあるボタンの状態を答えるブロックだよ。「▼」のメニューで「押された」か「離された」か選べるよ。

	ブロック名	ブロックの作用
超音波センサー　ポート3 ▾　の値 (cm)	超音波センサー〇〇の値（cm）	超音波センサーが調べた距離を答えるブロックだよ。
超音波センサー　ポート3 ▾　の値 (cm) ポート1 ポート2 ✓ ポート3 ポート4		説明書どおりに mBot を組み立てると、「ポート3」に超音波センサーがつないであるよ。ポートを間違えていないか確認してね！
ライントレースセンサー　ポート2 ▾　の値	ライントレースセンサー〇〇の値	ライントレースセンサーが調べた対象の色（白か黒）を数値で答えるブロックだよ (0: 両方黒 1: 右だけ白 2: 左だけ白 3: 両方白)。
ライントレースセンサー　ポート2 ▾　の値 ポート1 ✓ ポート2 ポート3 ポート4		説明書どおりに mBot を組み立てると、「ポート2」にライントレースセンサーがつないであるよ。ポートを間違えていないか確認してね！
赤外線リモコン　A ▾　ボタンが押された	赤外線リモコン〇〇ボタンが押された	赤外線リモコンの各ボタンが押されたかどうかを答えるブロックだよ。
赤外線リモコン　A ▾　ボタンが押された ✓ A B C D E F ↑ ↓ ← → 設定 0 ◂		「▾」のメニューでリモコンのボタンを選択できるよ。

あとがき

子どもたちへ

　ロボットプログラミング、楽しんでもらえたかな？

　興味を持てるところを見つけることができたら、さらに研究していくと、新しい発見があっておもしろいよ。私たちの身の回りには、プログラムを考えるうえでのヒントがいたるところに隠れている。

　どんなしくみが隠れているか、みんなで探検してみて！

　この本の内容をやって終わりではない。ほかの友達に覚えたプログラムを教えてあげたり、便利なものを発明したり、mBot を使ったゲームを作ったりして、おもしろいアイデアがどんどん出てくることを期待してる。

　これから mBot を使った大会も開催していくので、みんなの参加を待ってるよ！

謝辞

　執筆を終えて、私自身が一番多くのことを学ぶことができた、よい機会になったのではないかと感じております。

　学生時代は、美術活動と音楽活動に明け暮れていたアナログ人間でした。そんななか、自分の活動を世界中の人に知ってもらえる Web サイトを、自分で作れるように独学したのがデジタルとの出会いでした。それから目まぐるしい速度でアプリケーションや IT サービスが生まれ、「何が身につけるべき技術なのか」「何を次世代の若者たちに伝えていくべきか」が非常に見えづらい時代になったと感じました。その答えのヒントは、ジョン・マエダ氏の「コンピューターは道具ではなく、素材である」という言葉のなかにあります。絵具や木、鉄などの素材と同じように、「デジタル」を捉えることができたなら、「何を作りたいのか」をしっかり考え、「どの素材がそれを実現可能なのか」を見極める力を身につけることです。

　これからもさまざまな技術が生まれ、学びの形も変わっていくと思います。しかし、ものづくりに大切な本質だけは忘れないように心がけていきたいと思っております。

　まだまだデジタルの世界は知らないことだらけで、監修を引き受けていただいた阿部先生をはじめ、多くの皆様のご協力なくして、この本を完成させることはできませんでした。

　ありがとうございました。

2020 年 3 月

久木田 寛直

makeblock

mBot
エムボット

8 歳以上

すべての子どもに mBot を！

難易度	★☆☆☆☆
遊戯性	★★★★☆
拡張性	★★★★☆

mBot は Makeblock 社が提供する教育用ロボットです。mBot は STEAM（科学、技術、工学、芸術、数学）分野の知識を学習する初心者向けに設計されています。子どもたちが mBlock を通して、ロボットの組み立て・拡張・ビジュアルプログラミングから、ロボット工学・電子工学及びコンピューターサイエンスの魅力を体験することができます。

ビジュアルプログラミングに学び、STEAM 教育を開始

mBlock は Scratch をもとに開発されたビジュアルプログラミングソフトウェアです。ドラッグアンドドロップで、簡単に mBot にプログラミングすることが可能です。一般のプログラミングとは異なり、画面上でプログラミングしたものが、実際にロボットの動きに反映されるのを体験できます。プロセスを通じ、学習を始めたばかりの子どもたちがプログラミングの感覚を養い、かつロボットを実際動かす楽しみも体験いただけます。

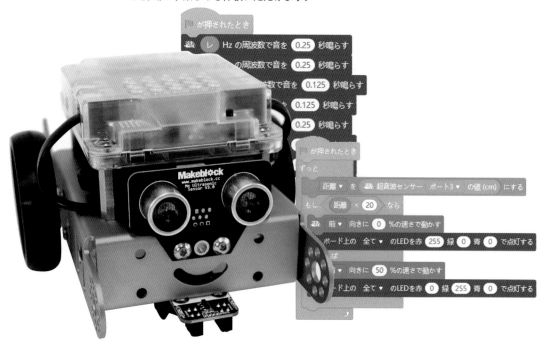

さらに詳しい情報はこちらに：www.makeblock.com/jp

mBot のコンテスト「MakeX」

MakeX とは、Makeblock がサポートする、世界中の子供たちが参加する mBot を使ったロボットコンテストです。日本でも 2018 年から大会が開かれています。子供たちが協力してオリジナルのロボットを制作し、世界中の国々の子供たちと競いあい、協力しあいながら、国境を超えた友情を育み、お互いを高めあうことを目的としています。mBot を自分のプログラムで自由にコントロールできるようになったら、チームを組んで世界大会を目指してチャレンジしてみてください。

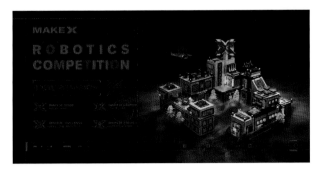

MakeX　日本大会公式 Web サイト
http://makex.jp/

無限の拡張性

mBot は Makeblock 社が提供する多種多様な部品パーツと組み合わせることにより無限の可能性を引き出します。さらに Makeblock プラットフォームとも互換性があります。定期的に mBot の拡張パックを更新し、さらに 2 ～ 3 種類の形態の異なる新たなロボットを作ることができます。子供たちの創造力を刺激し、思考力の向上に役立ちます。

六本足ロボット　拡張パック

他の特徴

- ● ビジュアルプログラミング
- ● 無線コントロール
- ● Makeblock パーツとの互換性がある
- ● Arduino との互換性がある

索 引

ご購入者特典のご利用について

本書をご購入いただいた方は、以下の Web ページから組み立て解説動画と PDF をご利用いただけます。解説動画は、パソコン・タブレット・スマートフォンなどでご覧いただけます。

ご購入者特典

動画：「mBot を作ってみよう」解説動画
PDF：「フェイスデザインテンプレート」
PDF：「メジャー・分度器」

【利用方法】

① Web ページにアクセス
ご使用のブラウザに以下の URL を入力するか、QR コードを読み込んで Web ページにアクセスしてください。

【URL】
http://www.fom.fujitsu.com/goods/eb/

【QR コード】

② 「改訂版 mBot で楽しむ レッツ！ ロボットプログラミング（FPT1909）」の《特典を入手する》を選択
③ 書籍の内容に関する質問に回答し、《入力完了》を選択

以降、手順に従って特典をご利用ください。

※本特典は、予告なく終了することがございます。あらかじめご了承ください。

改訂版
Makeblock 公式

mBot で楽しむ
レッツ！ ロボットプログラミング
（FPT1909）

2020 年 3 月 9 日　初版発行

著　者：久木田 寛直

制　作：富士通エフ・オー・エム株式会社

発行者：大森 康文

発行所：FOM 出版（富士通エフ・オー・エム株式会社）
　　　　〒 105-6891 東京都港区海岸 1-16-1 ニューピア竹芝サウスタワー
　　　　https://www.fujitsu.com/jp/fom/

印刷／製本：株式会社廣済堂

表紙デザイン：株式会社リンクアップ

制作協力：Makeblock Co., Ltd.
　　　　　株式会社ニューシークエンスサプライ（略称：NSS）
　　　　　株式会社リンクアップ
　　　　　浅古 康友
　　　　　宮原 時生
　　　　　齋藤 響
　　　　　染矢 結衣

■ 本書は、構成・文章・プログラム・画像・データなどのすべてにおいて、著作権法上の保護を受けています。
　本書の一部あるいは全部について、いかなる方法においても複写・複製など、著作権法上で規定された権利を侵害する行為
　を行うことは禁じられています。
■ 本書に関するご質問は、ホームページまたは郵便にてお寄せください。
　＜ホームページ＞
　上記ホームページ内の「FOM 出版」から「QA サポート」にアクセスし、「QA フォームのご案内」から所定のフォームを選択
　して、必要事項をご記入の上、送信してください。
　＜郵便＞
　次の内容を明記の上、上記発行所の「FOM 出版 デジタルコンテンツ開発部」まで郵送してください。
　・テキスト名　　・該当ページ　　・質問内容（できるだけ詳しく操作状況をお書きください）
　・ご住所、お名前、電話番号
　　※ご住所、お名前、電話番号など、お知らせいただきました個人に関する情報は、お客様ご自身とのやり取りのみに使用さ
　　　せていただきます。ほかの目的のために使用することは一切ございません。
　なお、次の点に関しては、あらかじめご了承ください。
　・ご質問の内容によっては、回答に日数を要する場合があります。
　・本書の範囲を超えるご質問にはお答えできません。　・電話や FAX によるご質問には一切応じておりません。
■ 本製品に起因してご使用者に直接または間接的損害が生じても、久木田寛直、阿部和広、富士通エフ・オー・エム株式会社
　はいかなる責任も負わないものとし、一切の賠償などは行わないものとします。
■ 本書に記載された内容などは、予告なく変更される場合があります。
■ 落丁・乱丁はお取り替えいたします。

© HIRONAO KUKITA & KAZUHIRO ABE 2020
Printed in Japan